建筑施工图集应用系列丛书

12G901 钢筋排布规则与构造系列图集应用

本书编委会 编

中国建筑工业出版社

图书在版编目（CIP）数据

12G901钢筋排布规则与构造系列图集应用/本书编委
会编.—北京：中国建筑工业出版社，2014.12
（建筑施工图集应用系列丛书）
ISBN 978-7-112-17503-1

Ⅰ.①1… Ⅱ.①本… Ⅲ.①钢筋混凝土结构-工程
施工-图集 Ⅳ.①TU755-64

中国版本图书馆 CIP 数据核字（2014）第 269763 号

本书根据《11G101-1》、《11G101-2》、《11G101-3》《12G901-1》、
《12G901-2》、《12G901-3》六本最新图集及《混凝土结构设计规范》GB
50010—2010、《建筑抗震设计规范》GB 50011—2010 编写。共分为六章，
包括：独立基础、条形基础与筏形基础、框架部分、剪力墙、板以及板式
楼梯等。本书内容丰富、通俗易懂、实用性强、方便查阅。本书可供从事
平法钢筋设计、施工、管理人员以及相关专业大中专的师生学习参考。

责任编辑：岳建光　张　磊
责任设计：张　虹
责任校对：陈晶晶　赵　颖

建筑施工图集应用系列丛书
12G901钢筋排布规则与构造系列图集应用
本书编委会　编
＊
中国建筑工业出版社出版、发行(北京西郊百万庄)
各地新华书店、建筑书店经销
北京红光制版公司制版
北京建筑工业印刷厂印刷
＊
开本：787×1092毫米　1/16　印张：17¼　字数：418千字
2015年3月第一版　　2015年3月第一次印刷
定价：40.00元
ISBN 978-7-112-17503-1
(26690)

本书编委会

主　编　上官子昌

参　编　韩　旭　刘秀民　吕克顺　李冬云

　　　　张文权　张　敏　危　聪　高少霞

　　　　隋红军　殷鸿彬

前　言

　　钢筋排布即钢筋安排布置，是指钢筋工程施工中详细具体的钢筋摆放、排列、定位、分布及绑扎。钢筋工程是主体结构的一个重要分项工程。平法钢筋等技术发展很快，涌现出很多的新方法，规范也进行了大范围的更新。随着 11G101 系列图集更新以后，12G901 系列图集也进行了更新。12G901 系列图集是对 11G101 系列图集构造内容在施工时钢筋排布构造的深化设计。基于此，我们组织编写了此书，系统地讲解了 12G901 系列图集，方便相关工作人员学习平法钢筋知识。

　　本书根据《11G101-1》、《11G101-2》、《11G101-3》《12G901-1》、《12G901-2》、《12G901-3》六本最新图集及《混凝土结构设计规范》GB 50010 - 2010、《建筑抗震设计规范》GB 50011 - 2010 编写。共分为 6 章，包括：独立基础、条形基础与筏形基础、框架部分、剪力墙、板以及板式楼梯等。本书内容丰富、通俗易懂、实用性强、方便查阅。本书可供从事平法钢筋设计、施工、管理人员以及相关专业大中专的师生学习参考。

　　由于编写时间仓促，编写经验、理论水平有限，难免有疏漏、不足之处，敬请读者批评指正。

目 录

1 独 立 基 础

1.1 独立基础平法识图

1.1.1 独立基础的平面注写方式

独立基础的平面注写方式是指直接在独立基础平面布置图上进行数据项的标注，可分为集中标注和原位标注两部分内容。

1. 集中标注

普通独立基础和杯口独立基础的集中标注，是指在基础平面图上集中引注：基础编号、截面竖向尺寸、配筋三项必注内容，以及基础底面标高（与基础底面基准标高不同时）和必要的文字注解两项选注内容。

（1）基础编号

各种独立基础编号，见表 1-1。

独立基础编号　　　　　　　　　　　　　　　表 1-1

类　型	基础底板截面形状	代　号	序　号
普通独立基础	阶形	DJ_J	××
	坡形	DJ_P	××
杯口独立基础	阶形	BJ_J	××
	坡形	BJ_P	××

注：设计时应注意：当独立基础截面形状为坡形时，其坡面应采用能保证混凝土浇筑、振捣密实的较缓坡度；当采用较陡坡度时，应要求施工采用在基础顶部坡面加模板等措施，以确保独立基础的坡面浇筑成型、振捣密实。

（2）截面竖向尺寸

1）普通独立基础（包括单柱独基和多柱独基）

① 阶形截面。当基础为阶形截面时，注写方式为"$h_1/h_2/\cdots\cdots$"，如图 1-1 所示。

【例 1-1】 当阶形截面普通独立基础 DJ_J xx 的竖向尺寸注写为 400/300/300 时，表示 $h_1=400$、$h_2=300$、$h_3=300$，基础底板总厚度为 1000。

例 1-1 及图 1-1 为三阶；当为更多阶时，各阶尺寸自下而上用"/"分隔顺写。

当基础为单阶时，其竖向尺寸仅为一个，且为基础总厚度，如图 1-2 所示。

② 坡形截面。当基础为坡形截面时，注

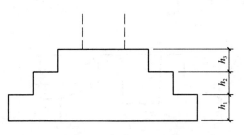

图 1-1　阶形截面普通独立基础竖向尺寸

1

写方式为"h_1/h_2"，如图1-3所示。

【例1-2】 当坡形截面普通独立基础DJ_P××的竖向尺寸注写为350/300时，表示h_1＝350、h_2＝300，基础底板总厚度为650。

2）杯口独立基础

① 阶形截面。当基础为阶形截面时，其竖向尺寸分两组，一组表达杯口内，另一组表达杯口外，两组尺寸以"，"分隔，注写方式为"a_0/a_1，$h_1/h_2/\cdots$"，如图1-4、图1-5所示，其中杯口深度a_0为柱插入杯口的尺寸加50mm。

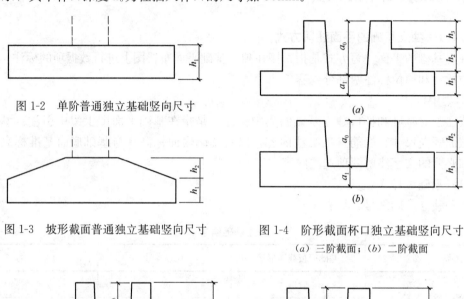

图1-2 单阶普通独立基础竖向尺寸

图1-3 坡形截面普通独立基础竖向尺寸

图1-4 阶形截面杯口独立基础竖向尺寸
（a）三阶截面；（b）二阶截面

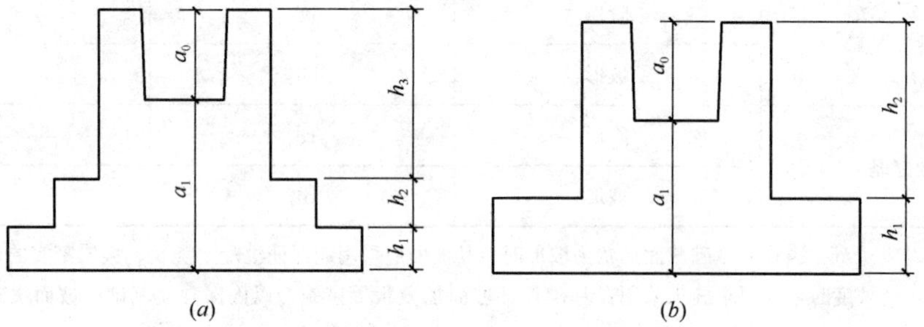

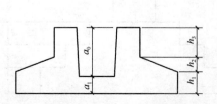

图1-5 阶形截面高杯口独立基础竖向尺寸
（a）三阶截面；（b）二阶截面

② 坡形截面。当基础为坡形截面时，注写方式为"$a_0/a_1,h_1/h_2/\cdots$"，如图1-6、图1-7所示。

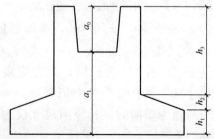

图1-6 坡形截面杯口独立基础竖向尺寸

图1-7 坡形截面高杯口独立基础竖向尺寸

（3）配筋

1）独立基础底板配筋。普通独立基础（单柱独基）和杯口独立基础的底部双向配筋注写方式如下：

① 以 B 代表各种独立基础底板的底部配筋。

② X 向配筋以 X 打头、Y 向配筋以 Y 打头注写；当两向配筋相同时，则以 X&Y 打头注写。

【例 1-3】 当独立基础底板配筋标注为：B：X ⾉ 16@150，Y ⾉ 16@200；表示基础底板底部配置 HRB400 级钢筋，X 向直径为 ⾉ 16，分布间距 150；Y 向直径为 ⾉ 16，分布间距 200，如图 1-8 所示。

2）杯口独立基础顶部焊接钢筋网。杯口独立基础顶部焊接钢筋网注写方式为：以 Sn 打头引注杯口顶部焊接钢筋网的各边钢筋。

【例 1-4】 当杯口独立基础顶部钢筋网标注为：Sn 2 ⾉ 14，表示杯口顶部每边配置 2 根 HRB400 级直径为 ⾉ 14 的焊接钢筋网，如图 1-9 所示。

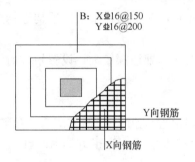

图 1-8　独立基础底板底部双向配筋示意　　图 1-9　单杯口独立基础顶部焊接钢筋网示意

【例 1-5】 当双杯口独立基础顶部钢筋网标注为：Sn 2 ⾉ 16，表示杯口每边和双杯口中间杯壁的顶部均配置 2 根 HRB400 级直径为 ⾉ 16 的焊接钢筋网，如图 1-10 所示。

注：高杯口独立基础应配置顶部钢筋网；非高杯口独立基础是否配置，应根据具体工程情况确定。

当双杯口独立基础中间杯壁厚度小于 400mm 时，在中间杯壁中配置构造钢筋见相应标准构造详图，设计不注。

3）高杯口独立基础侧壁外侧和短柱配筋。高杯口独立基础侧壁外侧和短柱配筋注写方式为：

① 以 O 代表杯壁外侧和短柱配筋。

② 先注写杯壁外侧和短柱纵筋，再注写箍筋。注写方式为"角筋/长边中部筋/短边中部筋，箍筋（两种间距）"；当杯壁水平截面为正方形时，注写方式为"角筋/x 边中部筋/y 边中部筋，箍筋（两种间距，杯口范围内箍筋间距/短柱范围内箍筋间距）"。

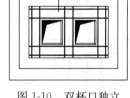

图 1-10　双杯口独立基础顶部焊接钢筋网示意

【例 1-6】 当高杯口独立基础的杯壁外侧和短柱配筋标注为：O：4 ⾉ 20/⾉ 16@220/⾉ 16@200，Φ 10@150/300；表示高杯口独立基础的杯壁外侧和短柱配置 HRB400 级竖向钢筋和 HPB300 级箍筋。其竖向钢筋为：4 ⾉ 20 角筋，⾉ 16@220 长边中部筋和 ⾉ 16@200 短边中部筋；其箍筋直径为 Φ 10；杯口范围间距 150，短柱范围间距 300，如图 1-11

所示。

③ 对于双高杯口独立基础的杯壁外侧配筋，注写方式与单高杯口相同，施工区别在于杯壁外侧配筋为同时环住两个杯口的外壁配筋，如图1-12所示。

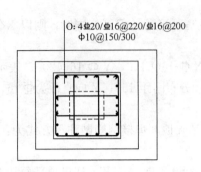
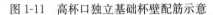

图1-11　高杯口独立基础杯壁配筋示意

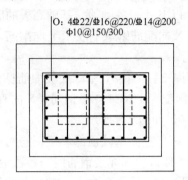

图1-12　双高杯口独立基础杯壁配筋示意

当双高杯口独立基础中间杯壁厚度小于400mm时，在中间杯壁中配置构造钢筋见相应标准构造详图，设计不注。

4）普通独立深基础短柱竖向尺寸及钢筋。当独立基础埋深较大，设置短柱时，短柱配筋应注写在独立基础中。具体注写方式如下：

① 以DZ代表普通独立深基础短柱。

② 先注写短柱纵筋，再注写箍筋，最后注写短柱标高范围。注写方式为"角筋/长边中部筋/短边中部筋，箍筋，短柱标高范围"；当短柱水平截面为正方形时，注写方式为"角筋/x中部筋/y中部筋，箍筋，短柱标高范围"。

【例1-7】　当短柱配筋标注为：DZ：4 Φ 20/5 Φ 18/5 Φ 18，Φ 10@100，$-2.500\sim-0.050$；表示独立基础的短柱设置在$-2.500\sim-0.050$高度范围内，配置HRB400级竖向钢筋和HPB300级箍筋。其竖向钢筋为：4 Φ 20角筋、5 Φ 18x边中部筋和5 Φ 18y边中部筋；其箍筋直径为ϕ10，间距100，如图1-13所示。

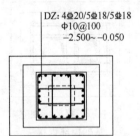

图1-13　独立基础短柱
配筋示意

5）多柱独立基础顶部配筋。独立基础通常为单柱独立基础，也可为多柱独立基础（双柱或四柱等）。多柱独立基础的编号、几何尺寸和配筋的标注方法与单柱独立基础相同。

当为双柱独立基础时，通常仅配基础底部钢筋；当柱距离较大时，除基础底部配筋外，尚需在两柱间配置基础顶部钢筋或配置基础梁；当为四柱独立基础时，通常可设置两道平行的基础梁，需要时可在两道基础梁之间配置基础顶部钢筋。

多柱独立基础的底板顶部配筋注写方式为：

① 以T代表多柱独立基础的底板顶部配筋。注写格式为"双柱间纵向受力钢筋/分布钢筋"。当纵向受力钢筋在基础底板顶面非满布时，应注明其根数。

【例1-8】　T：11 Φ 18@100/Φ 10@200；表示独立基础顶部配置纵向受力钢筋HRB400级，直径为Φ 18设置11根，间距100；分布筋HPB300级，直径为ϕ10，分布

间距 200，如图 1-14 所示。

② 基础梁的注写规定与条形基础的基础梁注写方式相同。

③ 双柱独立基础的底板配筋注写方式，可以按条形基础底板的注写方式，也可以按独立基础底板的注写方式。

④ 配置两道基础梁的四柱独立基础底板顶部配筋注写方式。当四柱独立基础已设置两道平行的基础梁时，根据内力需要可在双梁之间及梁的长度范围内配置基础顶部钢筋，注写方式为"梁间受力钢筋/分布钢筋"。

【例 1-9】 T：Φ16@120/Φ10@200；表示四柱独立基础顶部两道基础梁之间配置受力钢筋 HRB400 级，直径为 Φ16，间距 120；分布筋 HPB300 级，直径为 ϕ10，分布间距 200，如图 1-15 所示。

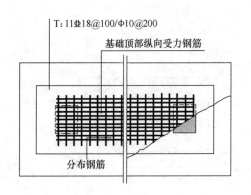
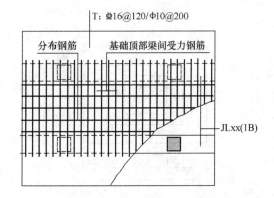

图 1-14　双柱独立基础顶部配筋示意　　图 1-15　四柱独立基础底板顶部基础梁间配筋注写示意

（4）底面标高

当独立基础的底面标高与基础底面基准标高不同时，应将独立基础底面标高直接注写在"（　）"内。

（5）必要的文字注解

当独立基础的设计有特殊要求时，宜增加必要的文字注解。例如，基础底板配筋长度是否采用减短方式等等，可在该项内注明。

2. 原位标注

钢筋混凝土和素混凝土独立基础的原位标注，是指在基础平面布置图上标注独立基础的平面尺寸。对相同编号的基础，可选择一个进行原位标注；当平面图形较小时，可将所选定进行原位标注的基础按比例适当放大；其他相同编号者仅注编号。下面按普通独立基础和杯口独立基础分别进行说明。

（1）普通独立基础

原位标注 x，y，x_c、y_c（或圆柱直径 d_c），x_i、y_i，$i=1$，2，3……。其中，x、y 为普通独立基础两向边长，x_c、y_c 为柱截面尺寸，x_i、y_i 为阶宽或坡形平面尺寸（当设置短柱时，尚应标注短柱的截面尺寸）。

1）阶形截面。对称阶形截面普通独立基础原位标注识图，如图 1-16 所示。非对称阶形截面普通独立基础原位标注识图，如图 1-17 所示。

设置短柱普通独立基础原位标注识图，如图 1-18 所示。

2）坡形截面。对称坡形普通独立基础原位标注识图，如图 1-19 所示。非对称坡形普通独立基础原位标注识图，如图 1-20 所示。

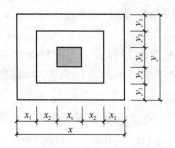

图 1-16　对称阶形截面普通独立
基础原位标注

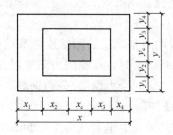

图 1-17　非对称阶形截面普通独立
基础原位标注

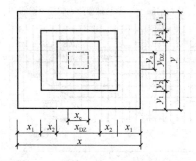

图 1-18　设置短柱普通独立
基础原位标注

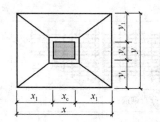

图 1-19　对称坡形截面普通独立基础
原位标注

（2）杯口独立基础

原位标注 x、y、x_u、y_u、t_i、x_i、y_i，$i=1$，2，3······。其中，x、y 为杯口独立基础两向边长，x_u、y_u 为柱截面尺寸，t_i 为杯壁厚度，x_i、y_i 为阶宽或坡形截面尺寸。

杯口上口尺寸 x_u、y_u，按柱截面边长两侧双向各加 75mm；杯口下口尺寸按标准构造详图（为插入杯口的相应柱截面边长尺寸，每边各加 50mm），设计不注。

1）阶形截面。阶形截面杯口独立基础原位标注识图，如图 1-21 所示。

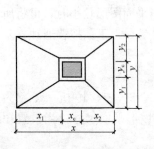

图 1-20　非对称坡形截面
普通独立基础原位标注

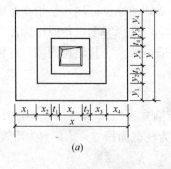

（a）

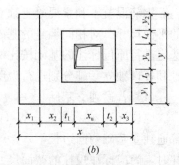

（b）

图 1-21　阶形截面杯口独立基础原位标注
（a）基础底板四边阶数相同；（b）基础底板的一边比其他三边多一阶

2）坡形截面。坡形截面杯口独立基础原位标注识图，如图 1-22 所示。

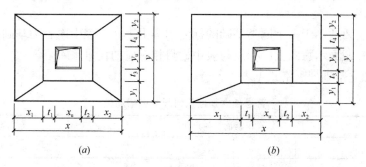

(a)　　　　　　　　　　　　　(b)

图 1-22　坡形截面杯口独立基础原位标注

（a）基础底板四边均放坡；（b）基础底板有两边不放坡

（注：高杯口独立基础原位标注与杯口独立基础完全相同）

3.平面注写方式识图

（1）普通独立基础平面注写方式，如图 1-23 所示。

（2）设置短柱独立基础平面注写方式，如图 1-24 所示。

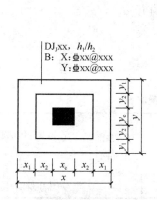

图 1-23　普通独立基础平面注写方式

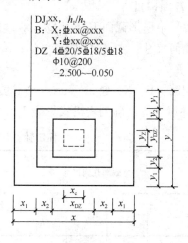

图 1-24　设置短柱独立基础平面注写方式

（3）杯口独立基础平面注写方式，如图 1-25 所示。

1.1.2　独立基础的截面注写方式

独立基础的截面注写方式，可分为截面标注和列表注写（结合截面示意图）两种表达方式。

采用截面注写方式，应在基础平面布置图上对所有基础进行编号，见表 1-1。

1.截面标注

截面标注适用于单个基础的标注，与传统"单构件正投影表示方法"基本相同。对于已在基础平面布置图上原位标注清楚的该基础的平面几何尺寸，在截面图上可不再重复表达，具体表达内容可参照

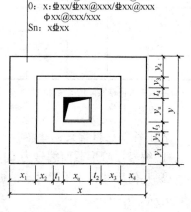

图 1-25　杯口独立基础

《11G101-3》图集中相应的标准构造。

2. 列表标注

列表标注主要适用于多个同类基础的标注的集中表达。表中内容为基础截面的几何数据和配筋等，在截面示意图上应标注与表中栏目相对应的代号。

1）普通独立基础列表格式见表1-2。

普通独立基础几何尺寸和配筋表　　　　　　　　　　　表1-2

基础编号/截面号	截面几何尺寸				底部配筋（B）	
	x、y	x_c、y_c	x_i、y_i	$h_1/h_2/\cdots\cdots$	X 向	Y 向

注：表中可根据实际情况增加栏目。例如：当基础底面标高与基础底面基准标高不同时，加注基础底面标高；当为双柱独立基础时，加注基础顶部配筋或基础梁几何尺寸和配筋；当设置短柱时增加短柱尺寸及配筋等。

表中各项栏目含义：

① 编号：阶形截面编号为 $DJ_J xx$，坡形截面编号为 $DJ_P xx$。

② 几何尺寸：水平尺寸 x，y，x_c、y_c（或圆柱直径 d_c），x_i、y_i，$i=1$，2，3……；竖向尺寸 $h_1/h_2/\cdots\cdots$。

③ 配筋：B：X：Φ xx@xxx，Y：Φ xx@xxx。

2）杯口独立基础列表格式见表1-3。

杯口独立基础几何尺寸和配筋表　　　　　　　　　　　表1-3

基础编号/截面号	截面几何尺寸				底部配筋（B）		杯口顶部钢筋网（Sn）	杯壁外侧配筋（O）	
	x、y	x_c、y_c	x_i、y_i	a_0、a_1，$h_1/h_2/h_3$……	X 向	Y 向		角筋/长边中部筋/短边中部筋	杯口箍筋/短柱箍筋

注：表中可根据实际情况增加栏目。如当基础底面标高与基础底面基准标高不同时，加注基础底面标高；或增加说明栏目等。

表中各项栏目含义：

① 编号：阶形截面编号为 $BJ_J xx$，坡形截面编号为 $BJ_P xx$。

② 几何尺寸：水平尺寸 x，y，x_u，y_u，t_i，x_i、y_i，$i=1$，2，3……；竖向尺寸 a_0，a_1，$h_1/h_2/h_3$……。

③ 配筋：B：X：Φ xx@xxx，Y：Φ xx@xxx，Sn×Φ xx，

O：×Φ xx/Φ xx@xxx/Φ xx@xxx，Φ xx@xxx/xxx。

1.2 独立基础钢筋排布构造

1.2.1 独立基础底板钢筋排布构造

本节主要讲述普通独立基础和杯口独立基础，其截面形式为阶梯形截面 DJ_J、BJ_J 或坡形截面 DJ_P、BJ_P，独立基础底部双向交叉钢筋长向设置在下，短向设置在上。独立基础底板钢筋排布构造如图 1-26、图 1-27 所示。

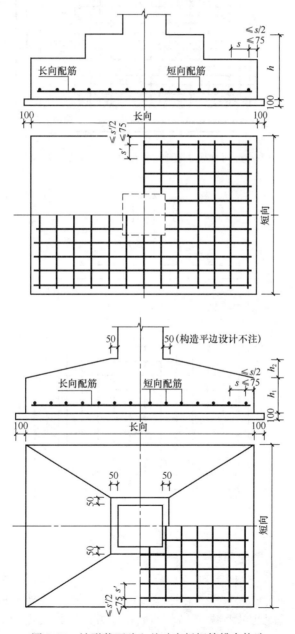

图 1-27 坡形截面独立基础底板钢筋排布构造

1.2.2 普通独立基础底板钢筋排布构造

1. 底板配筋长度减短10%的对称独立基础

底板配筋长度减短10%的对称独立基础构造如图1-28所示，钢筋排布构造如图1-29所示。

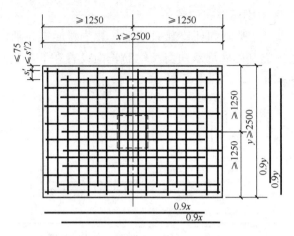

图1-28 对称独立基础底板配筋长度缩减10%构造

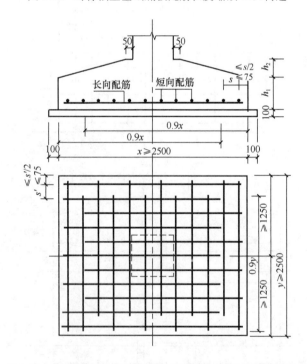

图1-29 对称独立基础底板配筋长减短10%的钢筋排布构造

下面讲述一下对构造图的理解：

(1) 图中 x 向为长向，y 向为短向。

(2) 当对称独立基础底板长度不小于2500mm时，各边最外侧钢筋不缩减；除外侧钢筋外，两向其他底板配筋可缩减10%，即取相应方向底板长度的0.9倍。因此，可得出下列计算公式：

外侧钢筋长度＝$x-2c$ 或 $y-2c$

其他钢筋长度＝$0.9x-c$ 或 $0.9y-c$

式中　c——钢筋保护层的最小厚度，取值参见表 1-4。

混凝土保护层的最小厚度（mm） 表 1-4

环境类别	板、墙	梁、柱
一	15	20
二 a	20	25
二 b	25	35
三 a	30	40
三 b	40	50

注：1. 表中混凝土保护层厚度指最外层钢筋外边缘至混凝土表面的距离，适用于设计使用年限为 50 年的混凝土结构。

　　2. 构件中受力钢筋的保护层厚度不应小于钢筋的公称直径。

　　3. 设计使用年限为 100 年的混凝土结构，一类环境中，最外层钢筋的保护层厚度不应小于表中数值的 1.4 倍；二、三类环境中，应采取专门的有效措施。

　　4. 混凝土强度等级不大于 C25 时，表中保护层厚度数值应增加 5mm。

　　5. 基础底面钢筋的保护层厚度，有混凝土垫层时应从垫层顶面算起，且不应小于 40mm；无垫层时不应小于 70mm。

下面结合例题来说明独立基础底板配筋长度缩减 10% 构造的特点。

【例 1-10】　DJ_p2 平法施工图如图 1-30 所示，其钢筋示意图如图 1-31 所示。求 DJ_p2 的 X 向、Y 向钢筋。

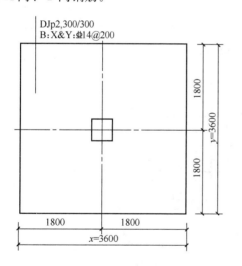

图 1-30　DJ_p2 平法施工图

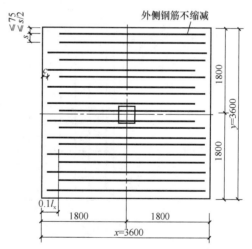

图 1-31　DJ_p2 钢筋示意图

【解】

DJ_p2 为正方形，X 向钢筋与 Y 向钢筋完全相同，本例中以 X 向钢筋为例进行计算。

（1）外侧钢筋长度＝$x-2c$＝$3600-2\times40$＝3520(mm)

（2）外侧钢筋根数＝2 根（一侧一根）

（3）其余钢筋长度＝$0.9x-c$＝$0.9\times3600-40$＝3200(mm)

（4）其余钢筋根数＝$[y-2\times\min(75,s/2)]/s-1$＝$(3600-2\times75)/200-1$＝17(根)

2. 底板配筋长度减短10％的非对称独立基础

底板配筋长度减短10％的非对称独立基础构造如图 1-32 所示，钢筋排布构造如图 1-33所示。

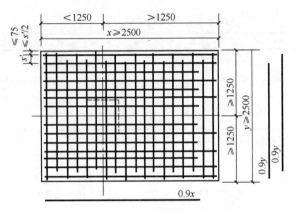

图 1-32　非对称独立基础底板配筋长度缩减 10％构造

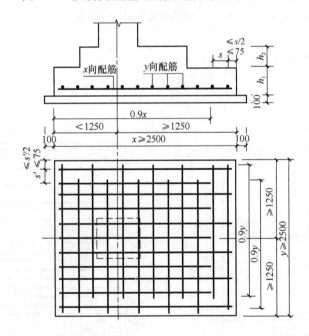

图 1-33　非对称独立基础底板配筋长度减短 10％的钢筋排布构造

下面讲述一下对构造图的理解：

（1）图中 x 向为长向，y 向为短向。

（2）当非对称独立基础底板长度不小于 2500mm 时，各边最外侧钢筋不缩减；对称方向（图中为 y 向）中部钢筋长度缩减 10％；非对称方向（图中为 x 向）：当基础某侧从柱中心至基础底板边缘的距离小于 1250mm 时，该侧钢筋不缩减；当基础某侧从柱中心至基础底板边缘的距离不小于 1250mm 时，该侧钢筋隔一根缩减一根。因此，可得出下列计算公式：

外侧钢筋长度＝$x-2c$ 或 $y-2c$

对称方向中部钢筋长度＝0.9y－c

基础从柱中心至基础底板边缘的距离＜1250mm 一侧钢筋长度＝0.9x－c

基础从柱中心至基础底板边缘的距离＞1250mm 一侧钢筋长度＝x－2c

式中　c——钢筋保护层的最小厚度，取值参见表 1-4。

3. 双柱普通独立基础顶、底面钢筋排布构造

双柱普通独立基础底部与顶部配筋构造如图 1-34 所示，钢筋排布构造如图 1-35 所示。

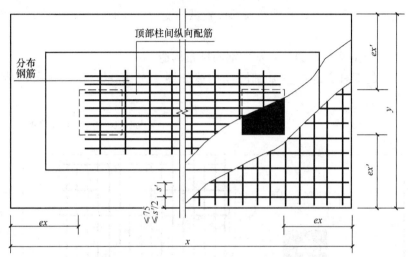

图 1-34　双柱普通独立基础底部与顶部配筋构造

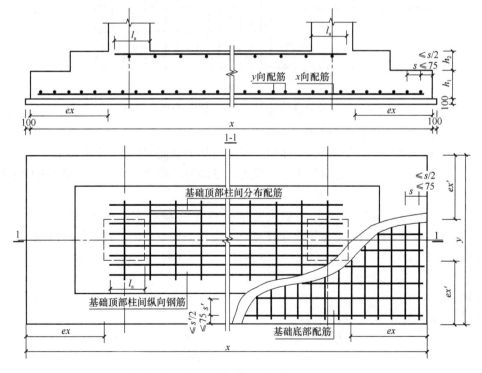

图 1-35　双柱普通独立基础顶、底面钢筋排布构造

下面讲述一下对构造图的理解：

（1）双柱普通独立基础底板的截面形状可为阶梯形截面 DJ$_J$ 或坡形截面 DJ$_P$。

（2）顶部柱间纵向钢筋从柱内侧面锚入柱内 l_a 然后截断。

因此，纵向受力筋的计算公式：

$$纵向受力筋长度 = 两柱内侧边缘间距 + 2 \times l_a$$

双柱普通独立基础底部双向交叉钢筋，根据基础两个方向从柱外缘至基础外缘的伸出长度 ex 和 ex' 的大小，较大者方向的钢筋设置在下，较小者方向的钢筋设置在上。

（3）当矩形双柱普通独立基础的顶部设置纵向受力钢筋时，分布钢筋宜设置在受力纵向钢筋之下。

4. 设置基础梁的双柱普通独立基础钢筋排布构造

设置基础梁的双柱普通独立基础配筋构造如图 1-36 所示，钢筋排布构造如图 1-37 所示。

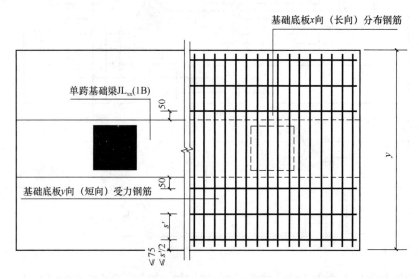

图 1-36　设置基础梁的双柱普通独立基础配筋构造

下面讲述一下对构造图的理解：

（1）双柱普通独立基础底板的截面形状可为阶梯形截面 DJ$_J$ 或坡形截面 DJ$_P$。

（2）双柱独立基础底部短向受力钢筋设置在基础梁纵筋之下，与基础梁箍筋的下端位于同一层面。

（3）双柱独立基础所设置的基础梁宽度至少比柱截面宽度宽出 100mm（每边≥50mm）。当具体设计的基础梁宽度小于柱宽时，应按照构造规定增设梁包柱侧腋。

【例 1-11】 DJ$_P$4 平法施工图如图 1-38 所示，混凝土强度为 C30。其钢筋示意图如图 1-39 所示。求 DJ$_P$4 的顶部钢筋及分布筋。

【解】

（1）顶部钢筋根数＝8 根

（2）顶部钢筋长度＝柱内侧边起算＋两端锚固 l_a＝150＋2×41d＝150＋2×41×12＝1134（mm）

（3）分布筋长度＝纵向受力筋布置范围长度＋两端超出受力筋外的长度（本题此值取

构造长度 150mm)＝(400＋2×150)＋2×150＝1000(mm)

(4) 分布筋根数＝(1134－2×120)/180－1＝4(根)

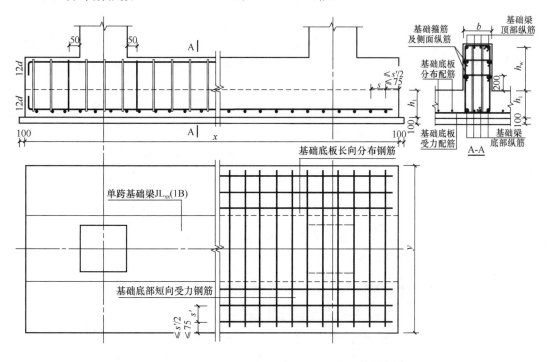

图 1-37　设置基础梁的双柱普通独立基础钢筋排布构造

DJ$_P$4，300/300
B：X&Y:Φ14@180
T：8Φ12@120/Φ10/@180

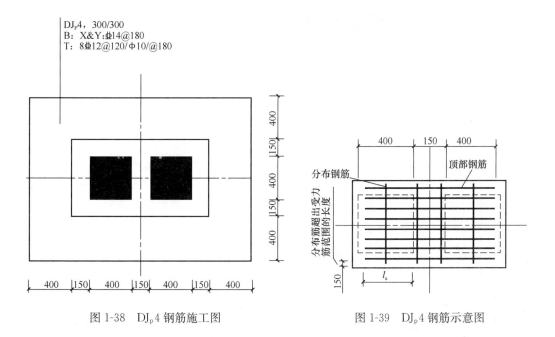

图 1-38　DJ$_P$4 钢筋施工图　　　　图 1-39　DJ$_P$4 钢筋示意图

1.2.3　杯口独立基础钢筋排布构造

1. 普通单杯口独立基础构造

普通单杯口独立基础构造如图 1-40 所示，钢筋排布构造如图 1-41 所示。

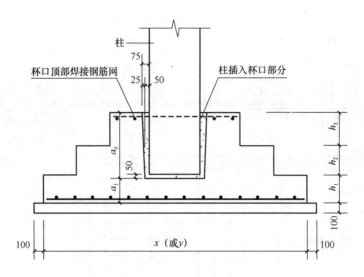

图 1-40　杯口独立基础构造

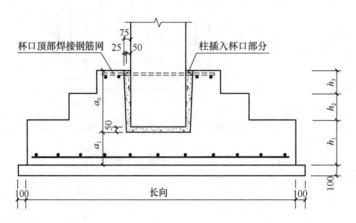

图 1-41　杯口独立基础钢筋排布构造

普通单杯口顶部焊接钢筋网片构造如图 1-42 所示。

下面讲述一下对构造图的理解：

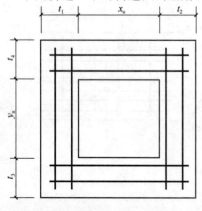

图 1-42　普通单杯口顶部焊接
钢筋网片构造

（1）杯口独立基础底板的截面形状可以为阶形截面 BJ_J 或坡形截面 BJ_P。当为坡形截面且坡度较大时，应在坡面上安装顶部模板，以确保混凝土能够浇筑成型、振捣密实。

（2）柱插入杯口部分的表面应凿毛，柱子与杯口之间的空隙用比基础混凝土强度等级高一级的细石混凝土先填底部，将柱校正后灌注振实四周。

2．双杯口独立基础构造

双杯口独立基础构造如图 1-43 所示，钢筋排布构造如图 1-44 所示。

双杯口顶部焊接钢筋网片构造如图 1-45 所示。

下面讲述一下对构造图的理解：

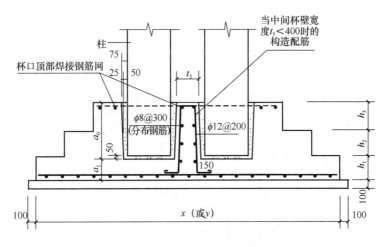

图 1-43 双杯口独立基础构造

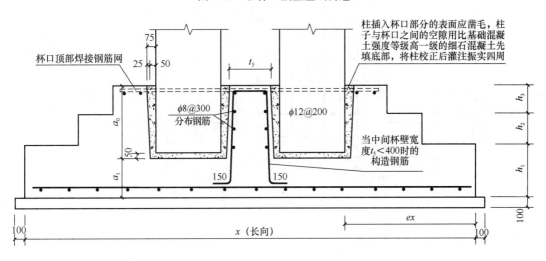

图 1-44 双杯口独立基础钢筋排布构造

（1）双杯口独立基础底板的截面形状可以为阶形截面 BJ$_\text{J}$ 或坡形截面 BJ$_\text{P}$。当为坡形截面且坡度较大时，应在坡面上安装顶部模板，以确保混凝土能够浇筑成型、振捣密实。

（2）当双杯口独立基础的中间杯壁宽度 t_5＜400mm 时，才设置图 1-44 中的构造钢筋。

3. 高杯口独立基础构造

高杯口独立基础杯壁和基础短柱配筋构造如图 1-46 所示，钢筋排布构造如图 1-47 所示。

下面讲述一下对构造图的理解：

杯口独立基础底板的截面形状可以为阶形截面 BJ$_\text{J}$ 或坡形截面 BJ$_\text{P}$。当为坡形截面且坡度较大时，应在坡面上安装顶部模板，以确保混凝土能够浇筑成型、振捣密实。

4. 高双杯口独立基础构造

高双杯口独立基础杯壁和基础短柱配筋构造如图 1-48 所示，钢筋排布构造如图 1-49 所示。

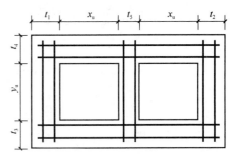

图 1-45 双杯口顶部焊接钢筋网片构造

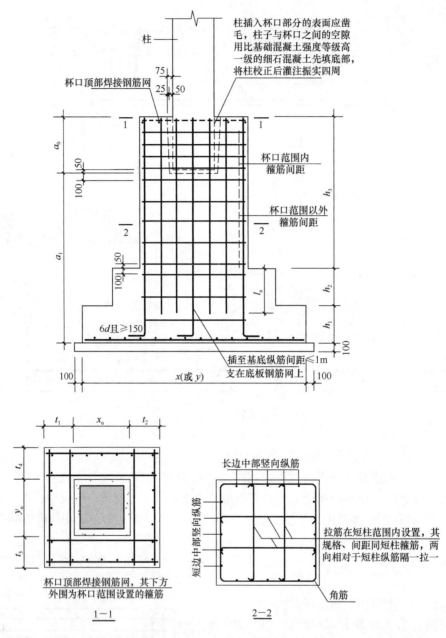

柱插入杯口部分的表面应凿毛，柱子与杯口之间的空隙用比基础混凝土强度等级高一级的细石混凝土先填底部，将柱校正后灌注振实四周

柱

杯口顶部焊接钢筋网

杯口范围内箍筋间距

杯口范围以外箍筋间距

$6d$且$\geqslant 150$

插至基底纵筋间距$\leqslant 1m$
支在底板钢筋网上

t_1　x_u　t_2

杯口顶部焊接钢筋网，其下方外围为杯口范围设置的箍筋

1—1

长边中部竖向纵筋

短边中部竖向纵筋

拉筋在短柱范围内设置，其规格、间距同短柱箍筋，两向相对于短柱纵筋隔一拉一

角筋

2—2

图1-46　高杯口独立基础杯壁和基础短柱配筋构造

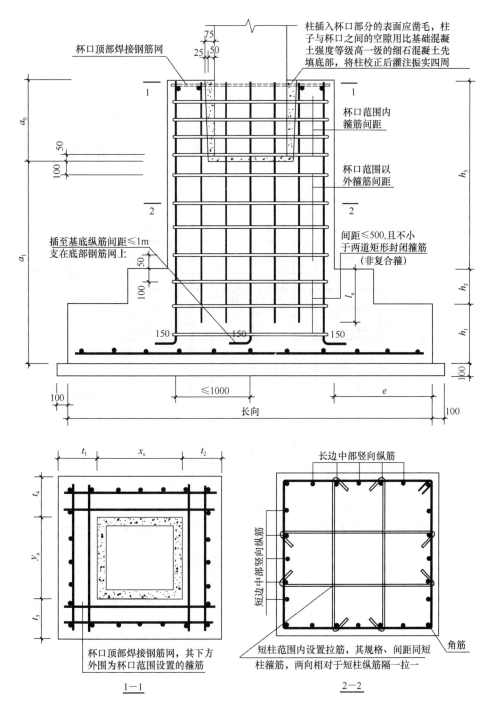

杯口顶部焊接钢筋网

柱插入杯口部分的表面应凿毛，柱子与杯口之间的空隙用比基础混凝土强度等级高一级的细石混凝土先填底部，将柱校正后灌注振实四周

杯口范围内箍筋间距

杯口范围以外箍筋间距

插至基底纵筋间距≤1m支在底部钢筋网上

间距≤500,且不小于两道矩形封闭箍筋（非复合箍）

a_0

a_1

h_3

h_2

h_1

l_a

75

25 50

50

100

50

100

150 150 150

100

100

≤1000

e

长向

t_1 x_u t_2

t_4

y_u

t_3

杯口顶部焊接钢筋网，其下方外围为杯口范围设置的箍筋

1—1

长边中部竖向纵筋

短边中部竖向纵筋

角筋

短柱范围内设置拉筋，其规格、间距同短柱箍筋，两向相对于短柱纵筋隔一拉一

2—2

图 1-47 高杯口独立基础钢筋排布构造

19

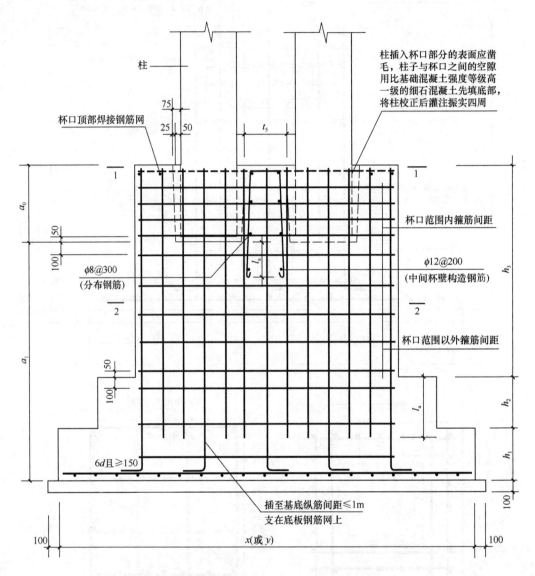

柱插入杯口部分的表面应凿毛，柱子与杯口之间的空隙用比基础混凝土强度等级高一级的细石混凝土先填底部，将柱校正后灌注振实四周

柱

杯口顶部焊接钢筋网

75
25 | 50

t_5

杯口范围内箍筋间距

$\phi12@200$
（中间杯壁构造钢筋）

50

100

$\phi8@300$
（分布钢筋）

杯口范围以外箍筋间距

50

100

6d且≥150

插至基底纵筋间距≤1m
支在底板钢筋网上

100   x（或 y）   100

图 1-48 高双杯口独立基础杯壁和基础短柱配筋构造（一）

20

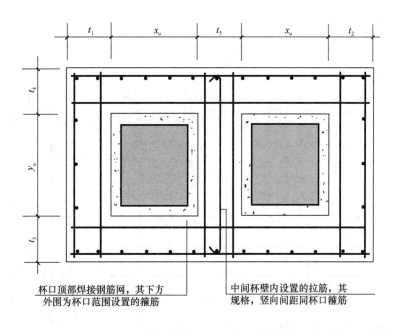

杯口顶部焊接钢筋网，其下方
外围为杯口范围设置的箍筋

中间杯壁内设置的拉筋，其
规格、竖向间距同杯口箍筋

$\underline{1-1}$

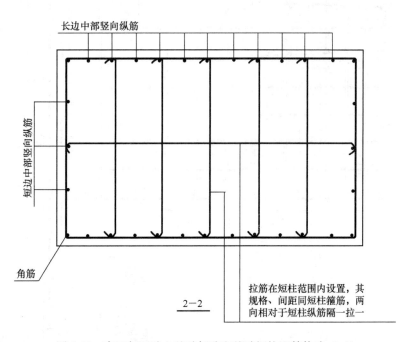

长边中部竖向纵筋

短边中部竖向纵筋

角筋

拉筋在短柱范围内设置，其
规格、间距同短柱箍筋，两
向相对于短柱纵筋隔一拉一

$\underline{2-2}$

图 1-48　高双杯口独立基础杯壁和基础短柱配筋构造（二）

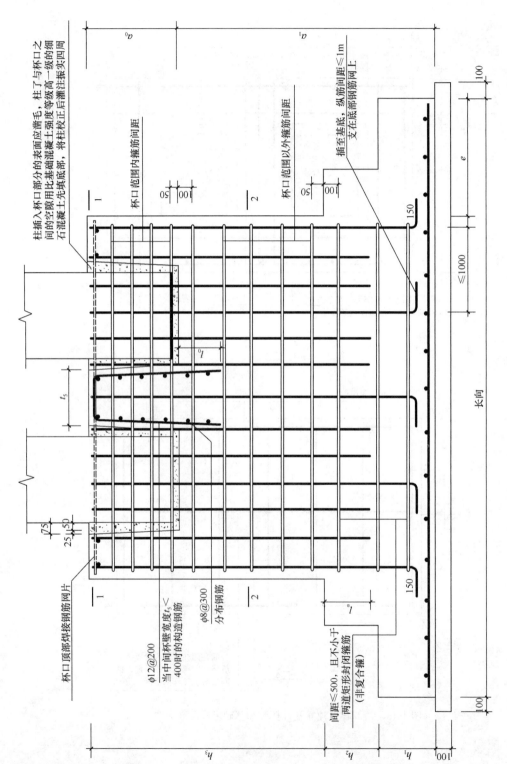

柱插入杯口部分的表面应凿毛，柱丁与杯口之间的空隙用比基础混凝土强度等级高一级的细石混凝土先填底部，将柱校正后灌注振实四周

杯口范围内箍筋间距

杯口范围以外箍筋间距

插至基底，纵筋间距≤1m 支在底部钢筋网上

杯口顶部焊接钢筋网片

φ12@200 当中间杯壁宽度 t_5 < 400时的构造钢筋

φ8@300 分布钢筋

间距≤500，且不小于两道矩形封闭箍筋（非复合箍）

长向

图 1-49 高双杯口独立基础钢筋排布构造（一）

22

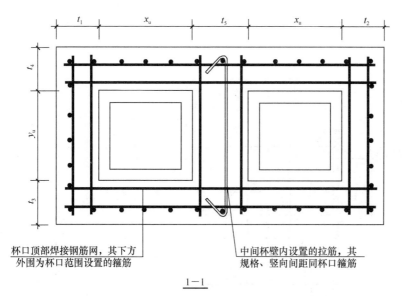

杯口顶部焊接钢筋网，其下方
外围为杯口范围设置的箍筋

中间杯壁内设置的拉筋，其
规格、竖向间距同杯口箍筋

1—1

长边中部竖向纵筋

拉筋在短柱范围内设置，其
规格、间距同短柱箍筋，两
向相对于短柱纵筋隔一拉一

短边部竖向纵筋

角筋

2—2

图 1-49 高双杯口独立基础钢筋排布构造（二）

下面讲述一下对构造图的理解：

（1）高杯口双柱独立基础底板的截面形状可以为阶形截面 BJ_J 或坡形截面 BJ_P。当为坡形截面且坡度较大时，应在坡面上安装顶部模板，以确保混凝土能够浇筑成型、振捣密实。

（2）当双杯口的中间壁宽度 $t_5 < 400mm$ 时，才设置中间杯壁构造钢筋。

1.2.4 普通独立深基础钢筋排布构造

1. 单柱普通独立深基础短柱配筋构造

单柱普通独立深基础短柱配筋构造如图 1-50 所示，钢筋排布构造如图 1-51 所示。

下面讲述一下对构造图的理解：

（1）单柱普通独立深基础底板的截面形式可为阶形截面 BJ_J 或坡形截面 BJ_P。当为坡形截面且坡度较大时，应在坡面上安装顶部模板，以确保混凝土能够浇筑成型、振捣密实。

（2）短柱角部纵筋和部分中间纵筋插至基底，纵筋间距≤1m，支在底板钢筋网上，

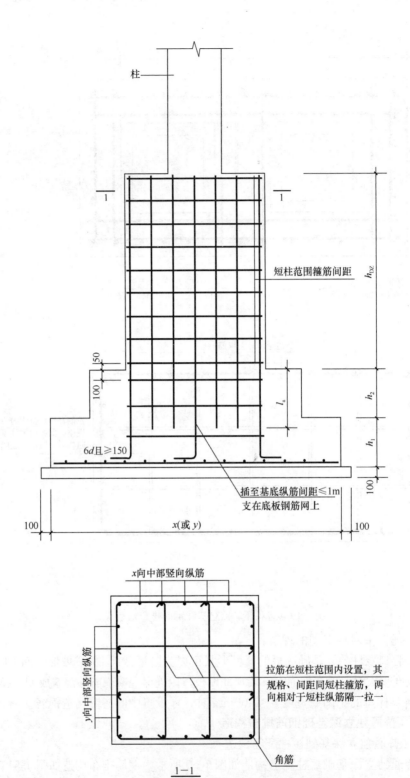

柱

短柱范围箍筋间距

h_{DZ}

50

100

l_a

h_2

h_1

6d且≥150

100

插至基底纵筋间距≤1m
支在底板钢筋网上

x(或 y)

100

100

x向中部竖向纵筋

y向中部竖向纵筋

拉筋在短柱范围内设置，其
规格、间距同短柱箍筋，两
向相对于短柱纵筋隔一拉一

角筋

1—1

图 1-50　单柱普通独立深基础短柱配筋构造

其余中间的纵筋不插至基底，仅锚入基础 l_a。

（3）短柱箍筋在基础顶面以上 50mm 处开始布置；短柱在基础内部的箍筋在基础顶

24

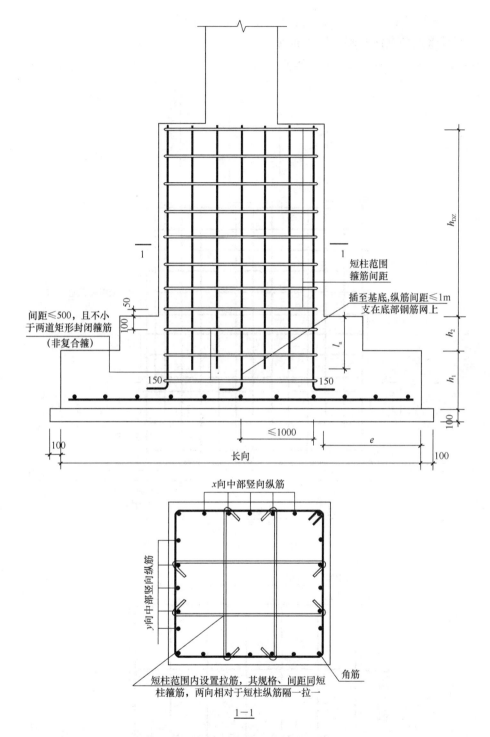

短柱范围箍筋间距

插至基底,纵筋间距≤1m 支在底部钢筋网上

间距≤500,且不小于两道矩形封闭箍筋（非复合箍）

长向

x向中部竖向纵筋

y向中部竖向纵筋

角筋

短柱范围内设置拉筋,其规格、间距同短柱箍筋,两向相对于短柱纵筋隔一拉一

1—1

图 1-51 单柱独立深基础钢筋排布构造

面以下 100mm 处开始布置。

（4）短柱范围内设置拉筋,其规格、间距同短柱箍筋,两向相对于短柱纵筋隔一拉一。如图 1-50 中"1-1"断面图所示。

（5）几何尺寸和配筋按具体结构设计和本图构造确定。

2. 双柱普通独立深基础短柱配筋构造

双柱普通独立深基础短柱配筋构造如图 1-52 所示，钢筋排布构造如图 1-53 所示。

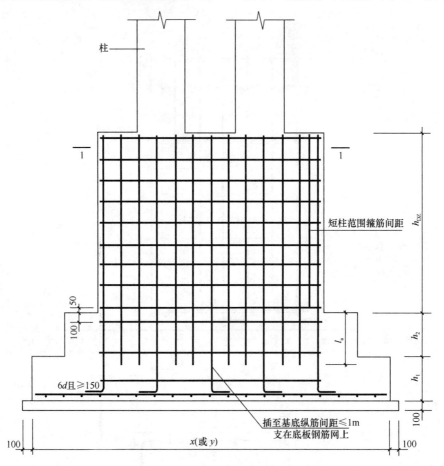

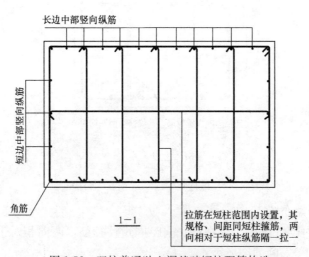

图 1-52 双柱普通独立深基础短柱配筋构造

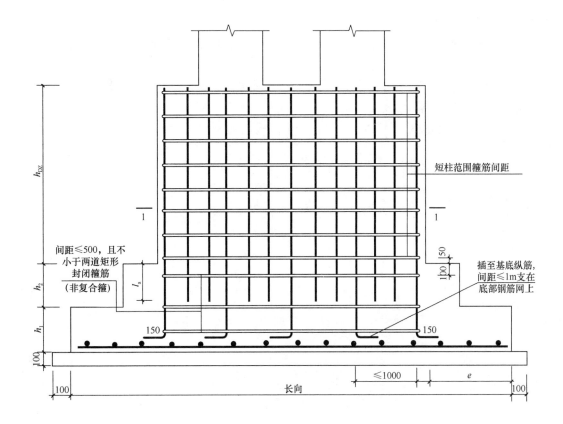

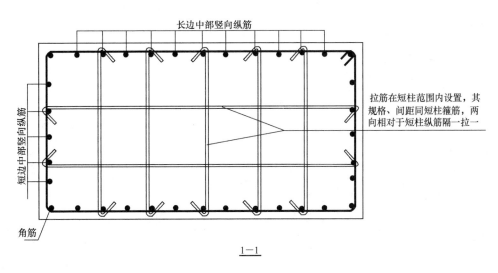

图 1-53　双柱独立深基础钢筋排布构造

下面讲述一下对构造图的理解：

（1）双柱普通独立深基础底板的截面形式可为阶形截面 BJ_J 或坡形截面 BJ_P。当为坡形截面且坡度较大时，应在坡面上安装顶部模板，以确保混凝土能够浇筑成型、振捣密实。

（2）短柱角部纵筋和部分中间纵筋插至基底，纵筋间距≤1m，支在底板钢筋网上，其余中间的纵筋不插至基底，仅锚入基础 l_a。

（3）短柱箍筋在基础顶面以上 50mm 处开始布置；短柱在基础内部的箍筋在基础顶面以下 100mm 处开始布置。

（4）如图中"1-1"断面图所示，拉筋在短柱范围内设置，其规格、间距同短柱箍筋，两向相对于短柱纵筋隔一拉一。

（5）几何尺寸和配筋按具体结构设计和本图构造确定。

2 条形基础与筏形基础

2.1 条形基础平法识图

2.1.1 基础梁的平面注写方式

基础梁的平面注写方式分为集中标注和原位标注两部分内容。

1. 集中标注

基础梁的集中标注内容包括基础梁编号、截面尺寸、配筋三项必注内容，以及基础梁底面标高（与基础底面基准标高不同时）和必要的文字注解两项选注内容。

（1）基础梁编号（必注）

基础梁编号，见表 2-1。

条形基础梁及底板编号　　　　　　　　　　　　表 2-1

类　　型		代　　号	序　　号	跨数及有无外伸
基础梁		JL	××	（××）端部无外伸
条形基础底板	阶形	TJB$_J$	××	（××A）一端有外伸
	坡形	TJB$_P$	××	（××B）两端有外伸

注：条形基础通常采用坡形截面或单阶形截面。

（2）基础梁截面尺寸（必注）

基础梁截面尺寸注写方式为"$b \times h$"，表示梁截面宽度与高度。当为加腋梁时，注写方式为"$b \times h \quad Yc_1 \times c_2$"，其中 c_1 为腋长，c_2 为腋高。

（3）基础梁配筋（必注）

1）基础梁箍筋

① 当具体设计仅采用一种箍筋间距时，注写钢筋级别、直径、间距与肢数（箍筋肢数写在括号内，下同）。

② 当具体设计采用两种箍筋时，用"/"分隔不同箍筋，按照从基础梁两端向跨中的顺序注写。先注写第 1 段箍筋（在前面加注箍筋道数），在斜线后再注写第 2 段箍筋（不再加注箍筋道数）。

【例 2-1】 9 ⸪ 16@100/⸪ 16@200 （6），表示配置两种 HRB400 级箍筋，直径⸪ 16，从梁两端起向跨内按间距 100 设置 9 道，梁其余部位的间距为 200，均为 6 肢箍。

2）基础梁底部、顶部及侧面纵向钢筋

① 以 B 打头，注写梁底部贯通纵筋（不应少于梁底部受力钢筋总截面面积的 1/3）。当跨中所注根数少于箍筋肢数时，需要在跨中增设梁底部架立筋以固定箍筋，采用"+"将贯通纵筋与架立筋相连，架立筋注写在加号后面的括号内。

② 以 T 打头，注写梁顶部贯通纵筋。注写时用分号"；"将底部与顶部贯通纵筋分隔

开，如有个别跨与其不同者按"基础梁原位标注"的规定处理。

③ 当梁底部或顶部贯通纵筋多于一排时，用"/"将各排纵筋自上而下分开。

【例 2-2】 B：4 ⊈ 25；T：12 ⊈ 25 7/5，表示梁底部配置贯通纵筋为 4 ⊈ 25，梁顶部配置贯通纵筋上一排为 7 ⊈ 25，下一排为 5 ⊈ 25，共 12 ⊈ 25。

注：1. 基础梁的底部贯通纵筋，可在跨中 1/3 净跨长度范围内采用搭接连接、机械连接或焊接。

2. 基础梁的顶部贯通纵筋，可在距柱根 1/4 净跨长度范围内采用搭接连接，或在柱根附近采用机械连接或焊接，且应严格控制接头百分率。

④ 以大写字母 G 打头注写梁两侧面对称设置的纵向构造钢筋的总配筋值（当梁腹板净高 h_w 不小于 450mm 时，根据需要配置）。

【例 2-3】 G8 ⊈ 14，表示梁每个侧面配置纵向构造钢筋 4 ⊈ 14，共配置 8 ⊈ 14。

（4）基础梁底面标高（选注）

当条形基础的底面标高与基础底面基准标高不同时，将条形基础底面标高注写在"（　）"内。

（5）必要的文字注解（选注）

当基础梁的设计有特殊要求时，宜增加必要的文字注解。

2. 原位标注

（1）原位标注基础梁端或梁在柱下区域的底部全部纵筋（包括底部非贯通纵筋和已集中注写的底部贯通纵筋）

1）当梁端或梁在柱下区域的底部纵筋多于一排时，用"/"将各排纵筋自上而下分开。

2）当同排纵筋有两种直径时，用"＋"将两种直径的纵筋相连。

3）当梁中间支座或梁在柱下区域两边的底部纵筋配置不同时，需在支座两边分别标注；当梁中间支座两边的底部纵筋相同时，可仅在支座的一边标注。

4）当梁端（柱下）区域的底部全部纵筋与集中注写过的底部贯通纵筋相同时，可不再重复作原位标注。

设计时应注意：当对底部一平（为"柱下两边的梁底部在同一个平面上"的缩略词）的梁支座（柱下）两边的底部非贯通纵筋采用不同配筋值时，应按较小一边的配筋值选配相同直径的纵筋贯穿支座，再将较大一边的配筋差值选配适当直径的钢筋锚入支座，避免造成支座两边大部分钢筋直径不相同的不合理配置结果。

施工及预算方面应注意：当底部贯通纵筋经原位注写修正，出现两种不同配置的底部贯通纵筋时，应在毗邻跨中配置较小一跨的跨中连接区域进行连接（即配置较大一跨底部贯通纵筋需伸出至毗邻跨的跨中连接区域。具体位置见标注构造详图）。

（2）原位注写基础梁的附加箍筋或（反扣）吊筋

当两向基础梁十字交叉，但交叉位置无柱时，应根据抗力需要设置附加箍筋或（反扣）吊筋。

将附加箍筋或（反扣）吊筋直接画在平面图十字交叉梁中刚度较大的条形基础主梁上，原位直接引注总配筋值（附加箍筋的肢数注在括号内）。当多数附加箍筋或（反扣）吊筋相同时，可在条形基础平法施工图上统一注明。少数与统一注明值不同时，再原位直接引注。

施工时应注意：附加箍筋或（反扣）吊筋的几何尺寸应按照标准构造详图，结合其所在位置的主梁和次梁的截面尺寸确定。

（3）原位注写基础梁外伸部位的变截面高度尺寸

当基础梁外伸部位采用变截面高度时，在该部位原位注写 $b \times h_1/h_2$，h_1 为根部截面高度，h_2 为尽端截面高度。

（4）原位注写修正内容

当在基础梁上集中标注的某项内容（如截面尺寸、箍筋、底部与顶部贯通纵筋或架立筋、梁侧面纵向构造钢筋、梁底面标高等）不适用于某跨或某外伸部位时，将其修正内容原位标注在该跨或该外伸部位，施工时原位标注取值优先。

当在多跨基础梁的集中标注中已注明加腋，而该梁某跨根部不需要加腋时，则应在该跨原位标注无 $Yc_1 \times c_2$ 的 $b \times h_1$ 以修正集中标注中的加腋要求。

2.1.2 条形基础底板的平面注写方式

条形基础底板 TJB_P、TJB_J 的平面注写方式，分为集中标注和原位标注两部分内容。

1. 集中标注

条形基础底板的集中标注内容包括条形基础底板编号、截面竖向尺寸、配筋三项必注内容，以及条形基础底板底面标高（与基础底面基准标高不同时）和必要的文字注解两项选注内容。

（1）条形基础底板编号（必注）

条形基础底板编号，见表2-1。

（2）条形基础底板截面竖向尺寸（必注）

1）坡形截面的条形基础底板，注写方式为"h_1/h_2"，见图2-1。

【例2-4】 当条形基础底板为坡形截面 TJB_{Pxx}，其截面竖向尺寸注写为 300/250 时，表示 $h_1=200$，$h_2=250$，基础底板根部总厚度为550。

2）阶形截面的条形基础底板，注写方式为"$h_1/h_2/\cdots\cdots$"，见图2-2。

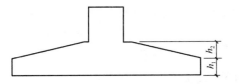
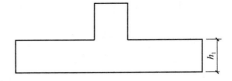

图2-1 条形基础底板坡形截面竖向尺寸　　　图2-2 条形基础底板阶形截面竖向尺寸

【例2-5】 当条形基础底板为阶形截面 TJB_{Jxx}，其截面竖向尺寸注写为 300 时，表示 $h_1=300$，且为基础底板总厚度。

上例及图2-2为单阶，当为多阶时各阶尺寸自下而上以"/"分隔顺写。

（3）条形基础底板底部及顶部配筋（必注）

1）以 B 打头，注写条形基础底板底部的横向受力钢筋。

【例2-6】 如图2-3所示，图中条形基础底板配筋标注为"B：$\Phi 14@150/\Phi 8@250$"，表示条形基础底板底部配置 HRB400 级横向受力钢筋，直径为 $\Phi 14$，分布间距150；配置 HPB300 级构造钢筋，直径为 $\Phi 8$，分布间距250。

2）以 T 打头，注写条形基础底板顶部的横向受力钢筋；注写时，用"/"分隔条形基础底板的横向受力钢筋与构造配筋。

【例2-7】 当为双梁（或双墙）条形基础底板时，除在底板底部配置钢筋外，一般尚需在两根梁或两道墙之间的底板顶部配置钢筋，其中横向受力钢筋的锚固从梁的内边缘（或墙边缘）起算，如图2-4所示。

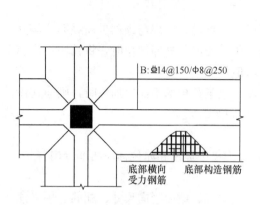

图2-3 条形基础底板底部配筋

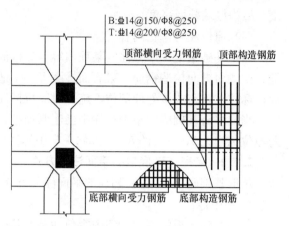

图2-4 条形基础底板顶部配筋

（4）底板底面标高（选注）

当条形基础底板的底面标高与条形基础底面基准标高不同时，应将条形基础底板底面标高注写在"（ ）"内。

（5）必要的文字注解（选注）

当条形基础底板有特殊要求时，应增加必要的文字注解。

2. 原位注写

（1）条形基础底板平面尺寸

原位标注方式为"b、b_i，$i=1$，2，……"。其中，b 为基础底板总宽度，如为基础底板台阶的宽度。当基础底板采用对称于基础梁的坡形截面或单阶形截面时，b_i 可不注，如图2-5所示。

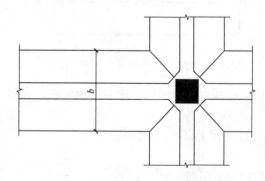

图2-5 条形基础底板平面尺寸原位标注

素混凝土条形基础底板的原位标注与钢筋混凝土条形基础底板相同。

对于相同编号的条形基础底板，可仅选择一个进行标注。

梁板式条形基础存在双梁共用同一基础底板、墙下条形基础也存在双墙共用同一基础底板的情况，当为双梁或为双墙且梁或墙荷载差别较大时，条形基础两侧可取不同的宽度，实际宽度以原位标注的基础底板两侧非对称的不同台阶宽度 b_i 进行表达。

（2）原位注写修正内容

当在条形基础底板上集中标注的某项内容，如底板截面竖向尺寸、底板配筋、底板底面标高等，不适用于条形基础底板的某跨或某外伸部分时，可将其修正内容原位标注在该跨或该外伸部位，施工时原位标注取值优先。

2.1.3 条形基础的截面注写方式

条形基础的截面注写方式，可分为截面标注和列表注写（结合截面示意图）两种表达方式。

采用截面注写方式，应在基础平面布置图上对所有基础进行编号，见表2-1。

1. 截面标注

对条形基础进行截面标注的内容与形式，与传统"单构件正投影表示方法"基本相同。对于已在基础平面布置图上原位标注清楚的该条形基础梁的水平尺寸，可不在截面图上重复表达，具体表达内容可参照本书中相应的钢筋构造。

2. 列表标注

对多个条形基础可采用列表注写（结合截面示意图）的方式集中表达。表中内容为条形基础截面的几何数据和配筋，截面示意图上应标注与表中栏目相对应的代号。列表中的具体内容如下。

（1）基础梁

基础梁列表及表中注写栏目包括：

1）编号。注写 JL$_{××}$（××）、JL$_{××}$（××A）或 JL$_{××}$（××B）。

2）几何尺寸。梁截面宽度与高度 $b×h$。当为加腋梁时，注写 $b×h$ $Yc_1×c_2$。

3）配筋。注写基础梁底部贯通纵筋＋非贯通纵筋，顶部贯通纵筋，箍筋。当设计为两种箍筋时，箍筋注写为：第一种箍筋/第二种箍筋，第一种箍筋为梁端部箍筋，注写内容包括箍筋的箍数、钢筋级别、直径、间距与肢数。

基础梁列表格式见表2-2。

基础梁几何尺寸和配筋表　　　　　　　　　　　　表2-2

基础梁编号/ 截面号	截面几何尺寸		配　　筋	
	$b×h$	加腋 $c_1×c_2$	底部贯通纵筋＋非贯通纵筋， 顶部贯通纵筋	第一种箍筋/第二种箍筋

注：表中可根据实际情况增加栏目，如增加基础梁地面标高等。

（2）条形基础底板

条形基础底板列表集中注写栏目包括：

1）编号。坡形截面编号为 TJB$_{P××}$（××）、TJB$_{P××}$（××A）或 TJB$_{P××}$（××B），阶形截面编号为 TJB$_{J××}$（××）、TJB$_{J××}$（××A）或 TJB$_{J××}$（××B）。

2）几何尺寸。水平尺寸 b，b_i，i＝1，2，……；竖向尺寸 h_1/h_2。

3）配筋。B：Φ xx@xxx/Φ xx@xxx。

条形基础底板列表格式见表2-3。

条形基础底板几何尺寸和配筋表   表 2-3

基础底板编号/截面号	截面几何尺寸			底部配筋（B）	
	b	b_i	h_1/h_2	横向受力钢筋	纵向构造钢筋

注：表中可根据实际情况增加栏目，如增加上部配筋、基础底板底面标高（与基础底板底面标高不一致时）等。

2.2 筏形基础平法识图

2.2.1 基础主梁与基础次梁的平面注写方式

1. 集中标注

基础主梁 JL 与基础次梁 JCL 的集中标注内容包括基础梁编号、截面尺寸、配筋三项必注内容，以及基础梁底面标高高差（相对于筏形基础平板底面标高）一项选注内容。

（1）基础梁编号

基础梁的编号，见表2-4。

梁板式筏形基础构件编号   表 2-4

构件类型	代号	序号	跨数及有无外伸
基础主梁（柱下）	JL	××	(××) 或 (××A) 或 (××B)
基础次梁	JCL	××	(××) 或 (××A) 或 (××B)
梁板筏基础平板	LPB	××	

注：1. (××A) 为一端有外伸，(××B) 为两端有外伸，外伸不计入跨数。
    2. 梁板式筏形基础平板跨数及是否有外伸分别在 X、Y 两向的贯通纵筋之后表达。图面从左至右为 X 向，从下至上为 Y 向。
    3. 梁板式筏形基础主梁与条形基础梁编号与钢筋构造详图一致。

（2）截面尺寸

注写方式为"$b \times h$"，表示梁截面宽度和高度，当为加腋梁时，注写方式为"$b \times h$ $Yc_1 \times c_2$"，其中，c_1 为腋长，c_2 为腋高。

（3）配筋

1）基础梁箍筋

① 当采用一种箍筋间距时，注写钢筋级别、直径、间距与肢数（写在括号内）。

② 当采用两种箍筋时，用"/"分隔不同箍筋，按照从基础梁两端向跨中的顺序注写。先注写第 1 段箍筋（在前面加注箍数），在斜线后再注写第 2 段箍筋（不再加注箍数）。

【例 2-8】 $9\phi16@100/\phi16@200$ (6)，表示箍筋为 HPB300 级钢筋，直径 $\phi16$，从梁

端向跨内，间距100，设置9道，其余间距为200，均为六肢箍。

2）基础梁的底部、顶部及侧面纵向钢筋

① 以B打头，先注写梁底部贯通纵筋（不应少于底部受力钢筋总截面面积的1/3）。当跨中所注根数少于箍筋肢数时，需要在跨中加设架立筋以固定箍筋，注写时，用加号"＋"将贯通纵筋与架立筋相连，架立筋注写在加号后面的括号内。

② 以T打头，注写梁顶部贯通纵筋值。注写时用分号"；"将底部与顶部纵筋分隔开。

【例2-9】 B4Φ32；T7Φ32，表示梁的底部配置4Φ32的贯通纵筋，梁的顶部配置7Φ32的贯通纵筋。

③ 当梁底部或顶部贯通纵筋多于一排时，用斜线"／"将各排纵筋自上而下分开。

【例2-10】 梁底部贯通纵筋注写为B8Φ28 3/5，则表示上一排纵筋为3Φ28，下一排纵筋为5Φ28。

> 注：1. 基础主梁与基础次梁的底部贯通纵筋，可在跨中1/3净跨长度范围内采用搭接连接、机械连接或焊接；
> 2. 基础主梁与基础次梁的顶部贯通纵筋，可在距支座1/4净跨长度范围内采用搭接连接，或在支座附近采用机械连接或焊接（均应严格控制接头百分率）。

④ 以大写字母"G"打头，注写梁两侧面设置的纵向构造钢筋的总配筋值（当梁腹板高度h_w不小于450mm时，根据需要配置）。

【例2-11】 G8Φ16，表示两个侧面共配置8Φ16的纵向构造钢筋，每侧各配置4Φ16。

⑤ 当需要配置抗扭纵向钢筋时，梁两个侧面设置的抗扭纵向钢筋以N打头。

【例2-12】 N8Φ16，表示两个侧面共配置8Φ16的纵向抗扭钢筋，沿截面周边均匀对称设置。

> 注：1. 当为梁侧面构造钢筋时，其搭接与锚固长度可取为15d。
> 2. 当为梁侧面受扭纵向钢筋时，其锚固长度为l_a，搭接长度为l_l；其锚固方式同基础梁上部纵筋。

（4）基础梁底面标高高差

基础梁底面标高高差系指相对于筏形基础平板底面标高的高差值。

有高差时需将高差写入括号内（如"高板位"与"中板位"基础梁的底面与基础平板地面标高的高差值）。

无高差时不注（如"低板位"筏形基础的基础梁）。

2. 原位标注

（1）梁端（支座）区域的底部全部纵筋

梁端（支座）区域的底部全部纵筋，系包括已经集中注写过的贯通纵筋在内的所有纵筋。

1）当梁端（支座）区域的底部纵筋多于一排时，用斜线"／"将各排纵筋自上而下分开。

【例2-13】 梁端（支座）区域底部纵筋注写为10Φ25 4/6，则表示上一排纵筋为4Φ25，下一排纵筋为6Φ25。

2）当同排有两种直径时，用加号"＋"将两种直径的纵筋相连。

【例2-14】 梁端（支座）区域底部纵筋注写为4⊕28＋2⊕25，表示一排纵筋由两种不同直径钢筋组合。

3）当梁中间支座两边底部纵筋配置不同时，需在支座两边分别标注；当梁中间支座两边的底部纵筋相同时，只仅在支座的一边标注配筋值。

4）当梁端（支座）区域的底部全部纵筋与集中注写过的贯通纵筋相同时，可不再重复作原位标注。

5）加腋梁加腋部位钢筋，需在设置加腋的支座处以Y打头注写在括号内。

【例2-15】 加腋梁端（支座）处注写为Y4⊕25，表示加腋部位斜纵筋为4⊕25。

（2）基础梁的附加箍筋或（反扣）吊筋

将基础梁的附加箍筋或（反扣）吊筋直接画在平面图中的主梁上，用线引注总配筋值（附加箍筋的肢数注在括号内）。

当多数附加箍筋或（反扣）吊筋相同时，可在基础梁平法施工图上统一注明，少数与统一注明值不同时，再原位引注。

（3）外伸部位的几何尺寸

当基础梁外伸部位变截面高度时，在该部位原位注写$b \times h_1/h_2$，h_1为根部截面高度，h_2为尽端截面高度。

（4）修正内容

原则上，基础梁的集中标注的一切内容都可以在原位标注中进行修正，并且根据"原位标注取值优先"的原则，施工时应按原位标注数值取用。

原位标注的方式如下：

当在基础梁上集中标注的某项内容（如梁截面尺寸、箍筋、底部与顶部贯通纵筋或架立筋、梁侧面纵向构造钢筋、梁底面标高高差等）不适用于某跨或某外伸部分时，则将其修正内容原位标注在该跨或该外伸部位，施工时原位标注取值优先。

当在多跨基础梁的集中标注中已注明加腋，而该梁某跨根部不需要加腋时，则应在该跨原位标注等截面的$b \times h$，以修正集中标注中的加腋信息。

3.基础主梁标注识图

基础主梁JL标注示意如图2-6所示。

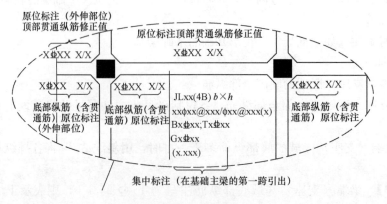

图2-6　基础主梁JL标注图示

4. 基础次梁标注识图

基础次梁 JCL 标注示意如图 2-7 所示。

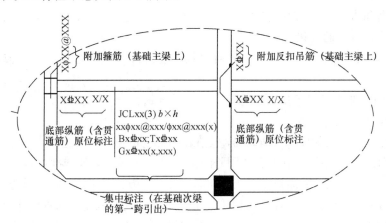

图 2-7　基础次梁 JCL 标注图示

2.2.2　梁板式筏形基础平板的平面注写方式

梁板式筏形基础平板 LPB 的平面注写，分板底部与顶部贯通纵筋的集中标注与板底附加非贯通纵筋的原位标注两部分内容。当仅设置贯通纵筋而未设置附加非贯通纵筋时，则仅作集中标注。

1. 板底部与顶部贯通纵筋的集中标注

梁板式筏形基础平板 LPB 的集中标注，应在所表达的板区双向均为第一跨（X 与 Y 双向首跨）的板上引出（图面从左至右为 X 向，从下至上为 Y 向）。板区划分条件：板厚相同、基础平板底部与顶部贯通纵筋配置相同的区域为同一板区。

集中标注的内容包括：

（1）编号

梁板式筏形基础平板编号，见表 2-4。

（2）截面尺寸

注写方式为"$h=\times\times\times$"，表示板厚。

（3）基础平板的底部与顶部贯通纵筋及其总长度

先注写 X 向底部（B 打头）贯通纵筋与顶部（T 打头）贯通纵筋及纵向长度范围；再注写 Y 向底部（B 打头）贯通纵筋与顶部（T 打头）贯通纵筋及纵向长度范围（图面从左至右为 X 向，从下至上为 Y 向）。

贯通纵筋的总长度（跨数）注写在括号中，注写方式为"跨数及有无外伸"，其表达形式为：（$\times\times$）（无外伸）、（$\times\times$A）（一端有外伸）或（$\times\times$B）（两端有外伸）。

注：基础平板的跨数以构成柱网的主轴线为准；两主轴线之间无论有几道辅助轴线（例如框筒结构中混凝土内筒中的多道墙体），均可按一跨考虑。

【例 2-16】　X：B ⛓ 22@150；T ⛓ 20@150；（5B）

　　　　　　Y：B ⛓ 20@200；T ⛓ 18@150；（7A）

表示基础平板 X 向底部配置⛓ 22 间距 150 的贯通纵筋，顶部配置⛓ 20 间距 150 的贯通纵筋，纵向总长度为 5 跨，两端有外伸；Y 向底部配置⛓ 20 间距 200 的贯通纵筋，顶部配置ΦΦ18 间距 150 的贯通纵筋，纵向总长度为 7 跨，一端有外伸。

当贯通纵筋采用两种规格钢筋"隔一布一"方式时，表达为 xx/yy@×××，表示直径 ϕxx 的钢筋和直径 yy 的钢筋之间的间距为×××，直径为 xx 的钢筋、直径为 yy 的钢筋间距分别为×××的 2 倍。

【例 2-17】 ΦΦ10/12@100 表示贯通纵筋为ΦΦ10、ΦΦ12 隔一布一，彼此之间间距为 100。

2. 板底附加非贯通纵筋的原位标注

（1）原位注写位置及内容

板底部原位标注的附加非贯通纵筋，应在配置相同的第一跨表达（当在基础梁悬挑部位单独配置时则在原位表达）。在配置相同跨的第一跨（或基础梁外伸部位），垂直于基础梁，绘制一段中粗虚线（当该筋通长设置在外伸部位或短跨板下部时，应画至对边或贯通短跨），在虚线上注写编号（如①、②等）、配筋值、横向布置的跨数及是否布置到外伸部位。

板底部附加非贯通纵筋向两边跨内的伸出长度值注写在线段的下方位置。当该筋向两侧对称伸出时，可仅在一侧标注，另一侧不注：当布置在边梁下时，向基础平板外伸部位一侧的伸出长度与方式按标准构造，设计不注。底部附加非贯通筋相同者，可仅注写一处，其他只注写编号。

横向连续布置的跨数及是否布置到外伸部位，不受集中标注贯通纵筋的板区限制。

【例 2-18】 在基础平板第一跨原位注写底部附加非贯通纵筋ΦΦ18@300（4A），表示在第一跨至第四跨板且包括基础梁外伸部位横向配置ΦΦ18@/300 底部附加非贯通纵筋，伸出长度值略。

原位注写的底部附加非贯通纵筋与集中标注的底部贯通钢筋，宜采用"隔一布一"的方式布置，即基础平板（X 向或 Y 向）底部附加非贯通纵筋与贯通纵筋间隔布置，其标注间距与底部贯通纵筋相同（两者实际组合后的间距为各自标注间距的 1/2）。

【例 2-19】 原位注写的基础平板底部附加非贯通纵筋为⑤ΦΦ22@300（3），该 3 跨范围集中标注的底部贯通纵筋为 BΦΦ22@300，表示在该 3 跨支座处实际横向设置的底部纵筋合计为ΦΦ22@150。其他与⑤号筋相同的底部附加非贯通纵筋可仅注标号⑤。

【例 2-20】 原位注写的基础平板底部附加非贯通纵筋为②ΦΦ25@300（4），该 4 跨范围集中标注的底部贯通纵筋为 BΦΦ22@300，表示该 4 跨支座处实际横向设置的底部纵筋为ΦΦ25 和ΦΦ22 间隔布置，彼此间距为 150。

（2）注写修正内容

当集中标注的某些内容不适用于梁板式筏形基础平板某板区的某一板跨时，应由设计者在该板跨内注明，施工时应按注明内容取用。

（3）当若干基础梁下基础平板的底部附加非贯通纵筋配置相同时（其底部、顶部的贯通纵筋可以不同），可仅在一根基础梁下作原位注写，并在其他梁上注明"该梁下基础平板底部附加非贯通纵筋同××基础梁"。

3. 梁板式筏形基础平板标注识图

梁板式筏形基础平板标注识图如图 2-8 所示。

4. 应在图中注明的其他内容

除了上述集中标注与原位标注，还有一些内容，需要在图中注明，包括：

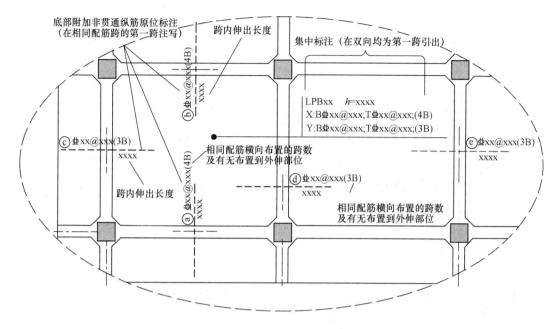

图 2-8 LPB 标注图示

1）当在基础平板周边沿侧面设置纵向构造钢筋时，应在图中注明。

2）应注明基础平板外伸部位的封边方式，当采用 U 形钢筋封边时应注明其规格、直径及间距。

3）当基础平板外伸变截面高度时，应注明外伸部位的 h_1/h_2，h_1 为板根部截面高度，h_2 为板尽端截面高度。

4）当基础平板厚度大于 2m 时，应注明具体构造要求。

5）当在基础平板外伸阳角部位设置放射筋时，应注明放射筋的强度等级、直径、根数以及设置方式等。

6）当在板的分布范围内采用拉筋时，应注明拉筋的强度等级、直径、双向间距等。

7）应注明混凝土垫层厚度与强度等级。

8）结合基础主梁交叉纵筋的上下关系，当基础平板同一层面的纵筋相交叉时，应注明何向纵筋在下，何向纵筋在上。

9）设计需注明的其他内容。

2.2.3 柱下板带、跨中板带的平面注写方式

1. 集中标注

柱下板带与跨中板带的集中标注，主要内容是注写板带底部与顶部贯通纵筋，应在第一跨（X 向为左端跨，Y 向为下端跨）引出，具体内容如下。

（1）编号

柱下板带、跨中板带编号，见表 2-5。

平板式筏形基础构件编号 表 2-5

构件类型	代号	序号	跨数及有无外伸
柱下板带	ZXB	××	（××）或（××A）或（××B）

39

构件类型	代号	序号	跨数及有无外伸
跨中板带	KZB	××	（××）或（××A）或（××B）
平板式筏形基础平板	BPB	××	—

注：1. （××A）为一端有外伸，（××B）为两端有外伸，外伸不计入跨数。

2. 平板式筏形基础平板，其跨数及是否有外伸分别在 X、Y 两向的贯通纵筋之后表达。图面从左至右为 X 向，从下至上为 Y 向。

（2）截面尺寸

注写方式为"b＝XXXX"，表示板带宽度（在图注中注明基础平板厚度）。

（3）底部与顶部贯通纵筋

注写底部贯通纵筋（B 打头）与顶部贯通纵筋（T 打头）的规格与间距，用分号"；"将其分隔开。柱下板带的柱下区域，通常在其底部贯通纵筋的间隔内插空设置（原位注写的）底部附加非贯通纵筋。

【例 2-21】 BΦ22@300；TΦ25@150 表示板带底部配置Φ22 间距 300 的贯通纵筋，板带顶部配置Φ25 间距 150 的贯通纵筋。

注：1. 柱下板带与跨中板带的底部贯通纵筋，可在跨中 1/3 净跨长度范围内采用搭接连接、机械连接或焊接；

2. 柱下板带及跨中板带的顶部贯通纵筋，可在柱网轴线附近 1/4 净跨长度范围内采用搭接连接、机械连接或焊接。

2. 原位标注

柱下板带与跨中板带的原位标注的主要内容是注写底部附加非贯通纵筋。

（1）注写内容

以一段与板带同向的中粗虚线代表附加非贯通纵筋。柱下板带：贯穿其柱下区域绘制；跨中板带：横贯柱中线绘制。在虚线上注写底部附加非贯通纵筋的编号（如①、②等）、钢筋级别、直径、间距，以及自柱中线分别向两侧跨内的伸出长度值。当向两侧对称伸出时，长度值可仅在一侧标注，另一侧不注。

外伸部位的伸出长度与方式按标准构造，设计不注。对同一板带中底部附加非贯通筋相同者，可仅在一根钢筋上注写，其他可仅在中粗虚线上注写编号。

原位注写的底部附加非贯通纵筋与集中标注的底部贯通纵筋，宜采用"隔一布一"的方式布置，即柱下板带或跨中板带底部附加纵筋与贯通纵筋交错插空布置，其标注间距与底部贯通纵筋相同（两者实际组合后的间距为各自标注间距的 1/2）。

【例 2-22】 柱下区域原位标注的底部附加非贯通纵筋为③Φ22@300，集中标注的底部贯通纵筋也为 BΦ22@300，表示在柱下区域实际布置的底部纵筋为Φ22@150（但是在钢筋计算时，底部附加非贯通纵筋和底部贯通纵筋的根数仍然按间距 300 来计算）。其他部位与③号筋的附加非贯通纵筋相同者仅注编号③。

【例 2-23】 柱下区域原位标注的底部附加非贯通纵筋为②Φ25@300，集中标注的底部贯通纵筋为 BΦ22@300，表示在柱下区域实际设置的底部纵筋为Φ25 和Φ22 间隔布置，彼此之间间距为 150（但是在钢筋计算时，底部附加非贯通纵筋和底部贯通纵筋的根数仍然按间距 300 来计算）。

当跨中板带在轴线区域不设置底部附加非贯通纵筋时，则不作原位注写。

（2）修正内容

当在柱下板带、跨中板带上集中标注的某些内容（如截面尺寸、底部与顶部贯通纵筋等）不适用于某跨或某外伸部分时，则将修正的数值原位标注在该跨或该外伸部位，施工时原位标注取值优先。

注：对于支座两边不同配筋值的（经注写修正的）底部贯通纵筋，应按较小一边的配筋值选配相同直径的纵筋贯穿支座，较大一边的配筋差值选配适当直径的钢筋锚入支座，避免造成两边大部分钢筋直径不相同的不合理配置结果。

3．柱下板带标注识图

柱下板带标注示意如图 2-9 所示。

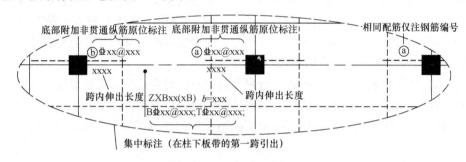

图 2-9　柱下板带标注图示

4．跨中板带标注识图

跨中板带标注示意如图 2-10 所示。

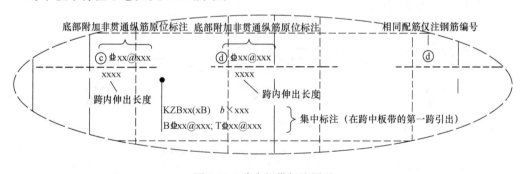

图 2-10　跨中板带标注图示

2.2.4　平板式筏形基础平板的平面注写方式

平板式筏形基础平板 BPB 的平面注写，分板底部与顶部贯通纵筋的集中标注与板底部附加非贯通纵筋的两部分内容。当仅设置底部与顶部贯通纵筋而未设置底部附加非贯通纵筋时，则仅作集中标注。

1．集中标注

平板式筏形基础平板 BPB 的集中标注的主要内容为注写板底部与顶部贯通纵筋。

当某向底部贯通纵筋或顶部贯通纵筋的配置，在跨内有两种不同间距时，先注写跨内两端的第一种间距，并在前面加注纵筋根数（以表示其分布的范围）；再注写跨中部的第二种间距（不需加注根数）；两者用"/"分隔。

【例 2-24】 X：B12 Φ 22@150/200；T10 Φ 20@150/200 表示基础平板 X 向底部配置 Φ 22 的贯通纵筋，跨两端间距为 150 配 12 根，跨中间距为 200；X 向顶部配置 Φ 20 的贯通纵筋，跨两端间距为 150 配 10 根，跨中间距为 200（纵向总长度略）。

2. 原位标注

平板式筏形基础平板 BPB 的原位标注，主要表达横跨柱中心线下的底部附加非贯通纵筋。内容包括：

(1) 原位注写位置及内容

在配置相同的若干跨的第一跨下，垂直于柱中线绘制一段中粗虚线代表底部附加非贯通纵筋，在虚线上的注写内容与 2.2.2 中 2. (1) 的内容相同。

当柱中心线下的底部附加非贯通纵筋（与柱中心线正交）沿柱中心线连续若干跨配置相同时，则在该连续跨的第一跨下原位注写，且将同规格配筋连续布置的跨数注在括号内；当有些跨配置不同时，则应分别原位注写。外伸部位的底部附加非贯通纵筋应单独注写（当与跨内某筋相同时仅注写钢筋编号）。

当底部附加非贯通纵筋横向布置在跨内有两种不同间距的底部贯通纵筋区域时，其间距应分别对应为两种，其注写形式应与贯通纵筋保持一致，即先注写跨内两端的第一种间距，并在前面加注纵筋根数；再注写跨中部的第二种间距（不需加注根数）；两者用"/"分隔。

(2) 当某些柱中心线下的基础平板底部附加非贯通纵筋横向配置相同时（其底部、顶部的贯通纵筋可以不同），可仅在一条中心线下做原位注写，并在其他柱中心线上注明"该柱中心线下基础平板底部附加非贯通纵筋同 xx 柱中心线"。

3. 平板式筏形基础平板标注识图

平板式筏形基础平板标注示意如图 2-11 所示。

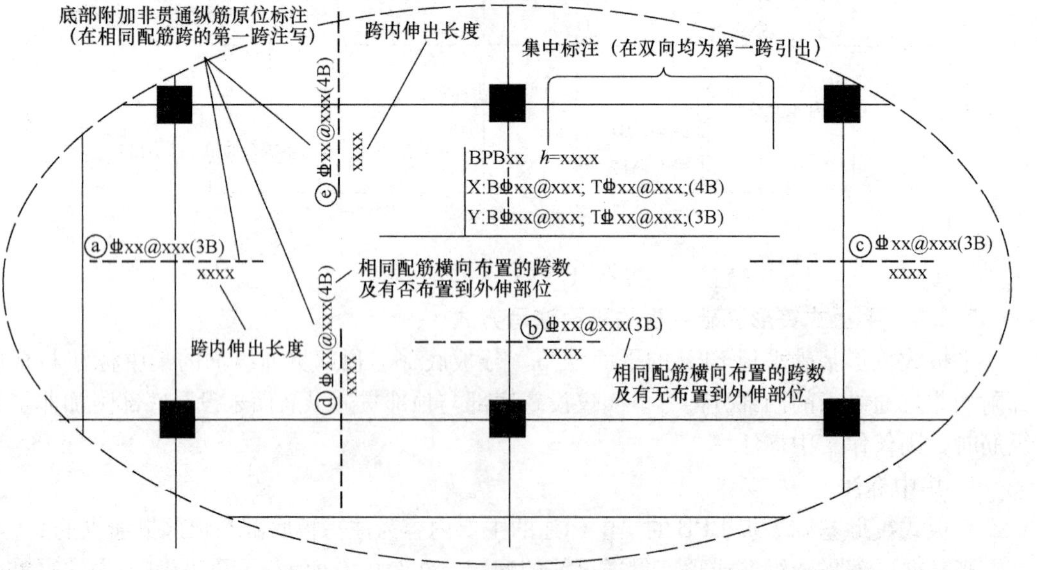

图 2-11 平板式筏形基础平板标注图示

2.3 条形基础与筏形基础钢筋排布构造

2.3.1 梁式条形基础底板受力钢筋排布构造

1. 十字交叉条形基础底板钢筋排布构造

十字交接基础底板配筋构造如图 2-12 所示，钢筋排布构造如图 2-13 所示。

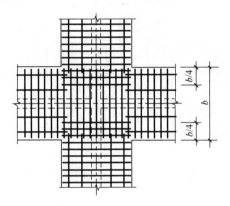

图 2-12 十字交接基础底板配筋构造

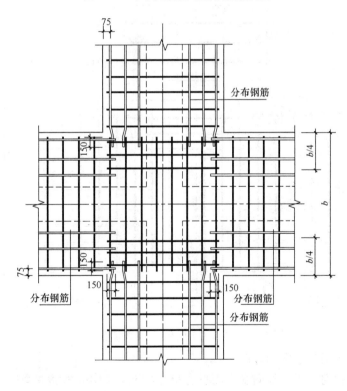

图 2-13 十字交叉条形基础底板钢筋排布构造

下面讲述一下对构造图的理解：

（1）十字交接时，一向受力筋贯通布置，另一向受力筋在交接处伸入 $b/4$ 范围布置。

（2）配置较大的受力筋贯通布置。

（3）分布筋在梁宽范围内不布置。

2. 丁字交叉条形基础底板钢筋排布构造

丁字交接基础底板配筋构造如图 2-14 所示，钢筋排布构造如图 2-15 所示。

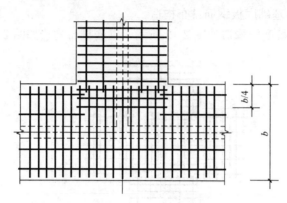

图 2-14　丁字交接基础底板配筋构造

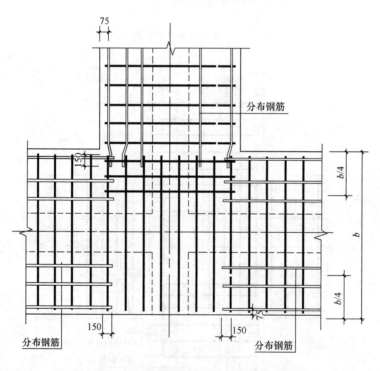

图 2-15　丁字交叉条形基础底板钢筋排布构造

下面讲述一下对构造图的理解：

（1）丁字交接时，丁字横向受力筋贯通布置，丁字竖向受力筋在交接处伸入 $b/4$ 范围布置。

（2）分布筋在梁宽范围内不布置。

3. 转角梁板均纵向延伸时底板钢筋排布构造

转角梁板端部均有纵向延伸构造如图 2-16 所示，钢筋排布构造如图 2-17 所示。

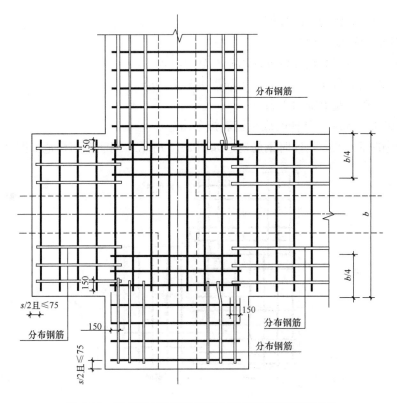

图 2-16 转角梁板端部均有纵向延伸时底板钢筋构造

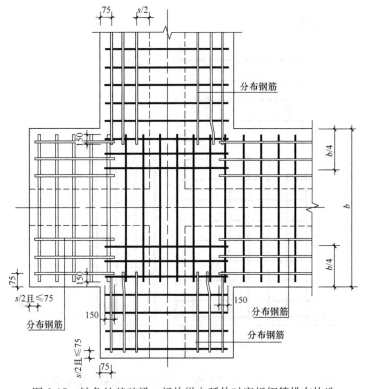

图 2-17 转角处基础梁、板均纵向延伸时底板钢筋排布构造

下面讲述一下对构造图的理解：

（1）一向受力钢筋贯通布置。

（2）另一向受力钢筋在交接处伸出 $b/4$ 范围内布置。

（3）网状部位受力筋与另一向分布筋搭接为 150mm。

（4）分布筋在梁宽范围内不布置。

4. 转角梁板均无纵向延伸时底板钢筋排布构造

转角梁板端部无纵向延伸时钢筋构造如图 2-18 所示，钢筋排布构造如图 2-19 所示。

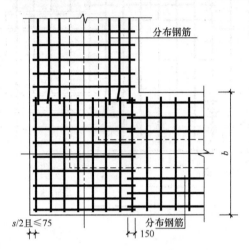

图 2-18　转角梁板端部无纵向延伸构造

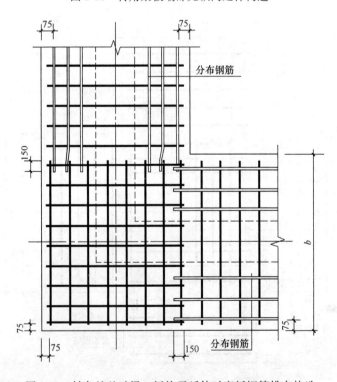

图 2-19　转角处基础梁、板均无延伸时底板钢筋排布构造

下面讲述一下对构造图的理解：

（1）条形基础底板钢筋起步距离可取 $s/2$（s 为钢筋间距）。

（2）有两向受力钢筋交接处的网状部位，分布钢筋与同向受力钢筋的构造搭接长度为 150mm。

2.3.2　条形基础底板不平时底板钢筋排布构造

条形基础底板板底不平构造如图 2-20 所示，钢筋排布构造如图 2-21 所示。

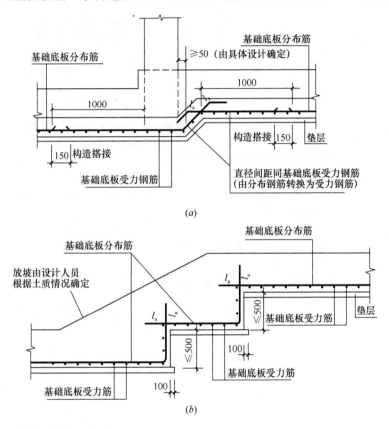

图 2-20　条形基础底板板底不平构造
（a）柱下条形基础；（b）板式条形基础

下面讲述一下对构造图的理解：

（1）在墙（柱）左方之外 1000 的分布筋转换为受力钢筋，在右侧上拐点以右 1000 的分布筋转换为受力钢筋。转换后的受力钢筋锚固长度为 l_a，与原来的分布筋搭接，搭接长度为 150。

（2）条形基础底板呈阶梯形上升状，基础底板分布筋垂直上弯，受力筋于内侧。

2.3.3　基础梁纵向钢筋连接位置

1. 基础梁纵向钢筋构造

基础梁纵向钢筋构造如图 2-22 所示。

下面讲述一下对构造图的理解：

（1）梁上部设置通长纵筋，如需接头，其位置在柱两侧 $l_n/4$ 范围内。

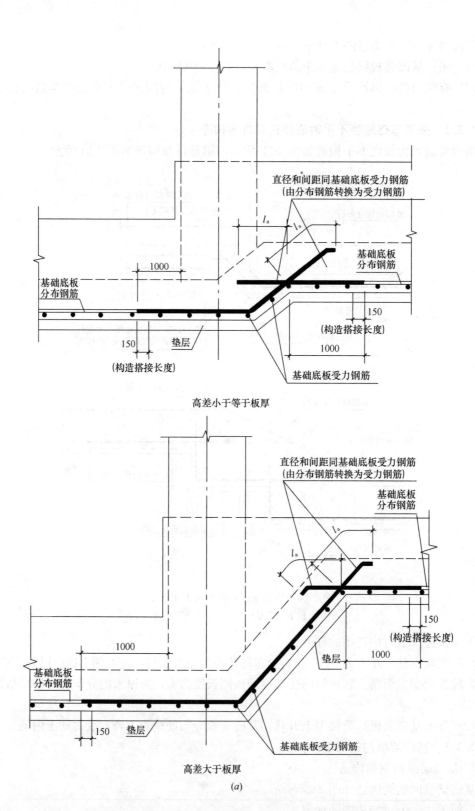

直径和间距同基础底板受力钢筋
(由分布钢筋转换为受力钢筋)

基础底板
分布钢筋

基础底板
分布钢筋

1000

150

l_a

l_a

150

(构造搭接长度)

1000

垫层

(构造搭接长度)

基础底板受力钢筋

高差小于等于板厚

直径和间距同基础底板受力钢筋
(由分布钢筋转换为受力钢筋)

基础底板
分布钢筋

l_a

l_a

150

(构造搭接长度)

1000

1000

垫层

基础底板
分布钢筋

150

垫层

基础底板受力钢筋

高差大于板厚

(a)

图 2-21 条形基础底板不平时的底板钢筋排布构造（一）

(a) 柱下条形基础；

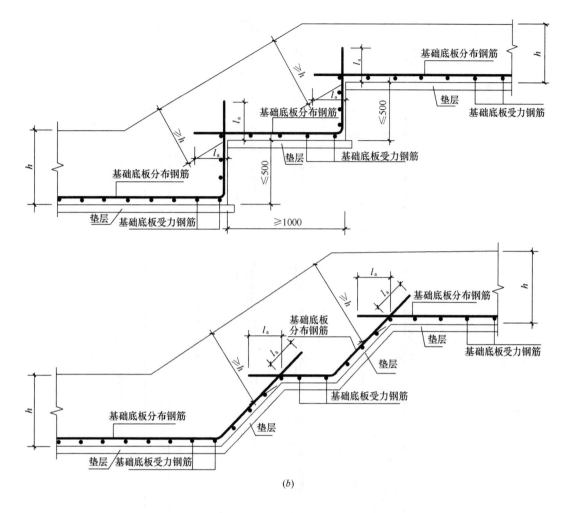

图 2-21　条形基础底板不平时的底板钢筋排布构造（二）

(b) 板式条形基础

　　（2）梁下部纵筋有贯通筋和非贯通筋。贯通筋的接头位置在跨中 $l_n/3$ 范围内；当相邻两跨贯通纵筋配置不同时，应将配置较大一跨的底部贯通纵筋越过其标注的跨数终点或起点，伸至配置较小的毗邻跨的跨中连接区连接。

　　（3）基础梁相交处位于同一层面的交叉钢筋，其上下位置应符合设计要求。

　　2. 基础次梁纵向钢筋构造

　　基础次梁纵向钢筋构造如图 2-23 所示。

　　下面讲述一下对构造图的理解：

　　基础次梁 JCL 上部贯通纵筋连接区在主梁 JL 两侧各 $l_n/4$ 范围内；下部贯通纵筋的连接区在跨中 $l_n/3$ 范围内，非贯通纵筋的截断位置在基础主梁两侧处 $l_n/3$，l_n 为左跨和右跨之较大值。

2.3.4　基础梁端部外伸部位钢筋排布构造

　　1. 基础梁端部等截面外伸钢筋排布构造

　　基础梁端部等截面外伸钢筋构造如图 2-24 所示，钢筋排布构造如图 2-25 所示。

50

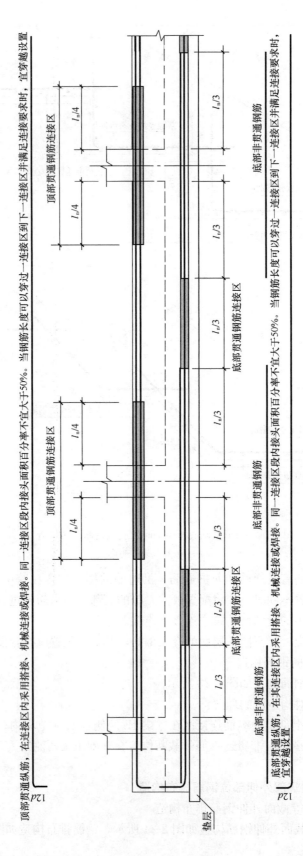

图 2-22 基础梁纵向钢筋构造

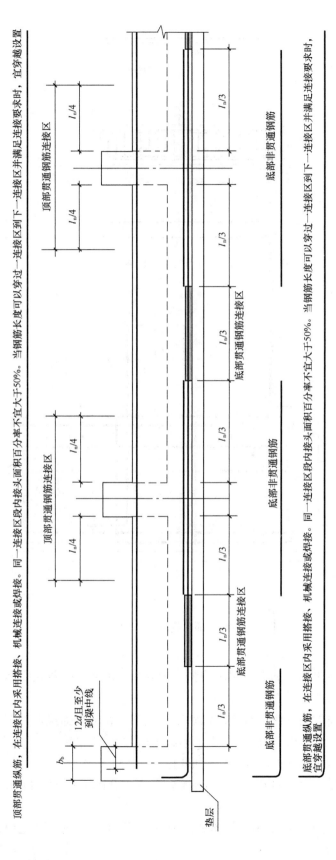

顶部贯通纵筋，在连接区内采用搭接、机械连接或焊接。同一连接区段内接头面积百分率不宜大于50‰。当钢筋长度可以穿过一连接区到下一连接区并满足连接要求时，宜穿越设置

底部贯通纵筋，在连接区内采用搭接、机械连接或焊接。同一连接区段内接头面积百分率不宜大于50‰。当钢筋长度可以穿过一连接区到下一连接区并满足连接要求时，宜穿越设置

图 2-23　基础次梁纵向钢筋构造

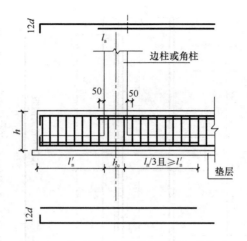

图 2-24 基础梁端部等截面外伸钢筋构造

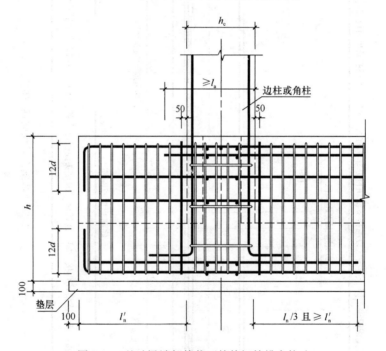

图 2-25 基础梁端部等截面外伸钢筋排布构造

下面讲述一下对构造图的理解:

（1）梁顶部上排贯通纵筋伸至尽端内侧弯折 $12d$；顶部下排贯通纵筋不伸入外伸部位，从柱内侧起 l_a。

（2）梁底部上排非贯通纵筋伸至端部截断，底部下排非贯通纵筋伸至尽端内侧弯折 $12d$，二者从支座中心线向跨内的延伸长度为 $l_n/3 + h_c/2$。

（3）梁底部贯通纵筋伸至尽端内侧弯折 $12d$。

注：当 $l'_n + h_c \leqslant l_a$ 时，基础梁下部钢筋伸至端部后弯折，且从柱内边算起水平段长度 $\geqslant 0.4 l_a$，弯折段长度 $15d$。

【例 2-25】 JL03 平法施工图，如图 2-26 所示。求 JL03 的底部贯通纵筋、顶部贯通

52

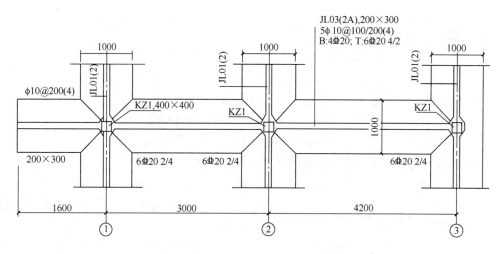

图 2-26　JL03 平法施工图

纵筋及非贯通纵筋。

【解】

(1) 底部贯通纵筋 4 Φ 20

$$长度 = (3000+4200+1600+200+50) - 2 \times 25 + 2 \times 15 \times 20$$
$$= 9600mm$$

(2) 顶部贯通纵筋上排 4 Φ 20

$$长度 = (3000+4200+1600+200+50) - 2 \times 25 + 12 \times 20 + 15 \times 20$$
$$= 9540mm$$

(3) 顶部贯通纵筋下排 2 Φ 20

$$长度 = 3000+4200+(200+50-25+12d) - 200 + 29d$$
$$= 3000+4200+(200+50-25+12 \times 20) - 200 + 29 \times 20$$
$$= 8045mm$$

(4) 箍筋

1) 外大箍筋长度 $= (200-2 \times 25) \times 2 + (300-2 \times 25) \times 2 + 2 \times 11.9 \times 10$
$$= 1038mm$$

2) 内小箍筋长度
$$= [(200-2 \times 25-20-20)/3+20+20] \times 2 + (300-2 \times 25) \times 2 + 2 \times 11.9 \times 10$$
$$= 892mm$$

3) 箍筋根数

第一跨：$5 \times 2 + 7 = 17$ 根，即：

两端各 $5\phi10$

中间箍筋根数 $= (3000-200 \times 2-50 \times 2-100 \times 5 \times 2)/200 - 1 = 7$ 根

第二跨：$5 \times 2 + 13 = 23$ 根，即：

两端各 $5\phi10$

中间箍筋根数 $= (4200-200 \times 2-50 \times 2-100 \times 5 \times 2)/200 - 1 = 13$ 根

节点内箍筋根数 $= 400/100 = 4$ 根

外伸部位箍筋根数 $=(1600-200-2\times50)/200+1=9$ 根

JL03 箍筋总根数为：

外大箍筋根数 $=17+23+4\times4+9=65$ 根

内小箍筋根数 $=65$ 根

（5）底部外伸端非贯通纵筋 2Φ20（位于上排）

长度 $=$ 延伸长度 $\max(l_n/3,l'_n)+$ 伸至端部

$=1200+1600+200-25=2975\text{mm}$

（6）底部中间柱下区域非贯通筋 2Φ20（位于下排）

长度 $=2\times l_n/3+$ 柱宽 $=2\times(4200-400)/3+400=1667\text{mm}$

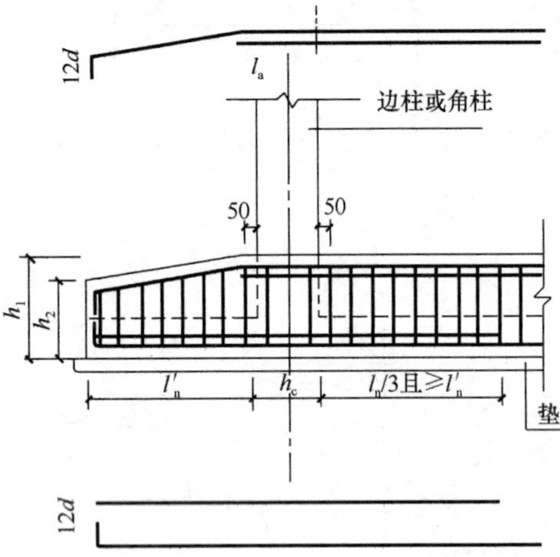

（7）底部右端（非外伸端）非贯通筋 2Φ20

长度 $=$ 延伸长度 $l_n/3+$ 伸至端部

$=(4200-400)/3+400+50-25+15d$

$=(4200-400)/3+400+50-25$

$+15\times20$

$=1992\text{mm}$

2. 基础梁端部变截面外伸钢筋排布构造

基础梁端部变截面外伸构造如图 2-27 所示，钢筋排布构造如图 2-28 所示。

下面讲述一下对构造图的理解：

（1）梁顶部上排贯通纵筋伸至尽端内

图 2-27 基础梁端部变截面外伸构造

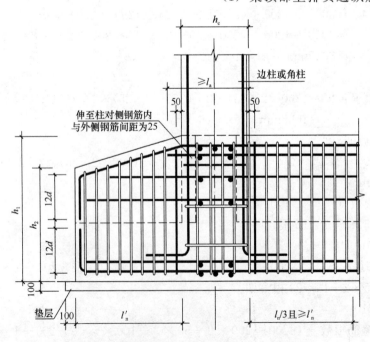

图 2-28 基础梁端部变截面外伸钢筋排布构造

侧弯折12d；顶部下排贯通纵筋不伸入外伸部位，从柱内侧起 l_a。

（2）梁底部上排非贯通纵筋伸至端部截断，底部下排非贯通纵筋伸至尽端内侧弯折12d，二者从支座中心线向跨内的延伸长度为 $l_\mathrm{n}/3+h_\mathrm{c}/2$。

（3）梁底部贯通纵筋伸至尽端内侧弯折12d。

注：当 $l'_\mathrm{n}+h_\mathrm{c} \leqslant l_\mathrm{a}$ 时，基础梁下部钢筋伸至端部后弯折，且从柱内边算起水平段长度 $\geqslant 0.4l_\mathrm{a}$，弯折段长度15$d$。

3. 基础梁端部无外伸钢筋排布构造

基础梁端部无外伸构造如图 2-29 所示，钢筋排布构造如图 2-30 所示。

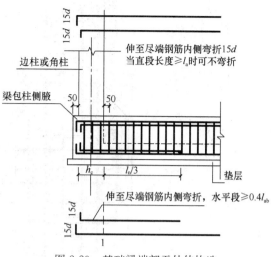

图 2-29　基础梁端部无外伸构造

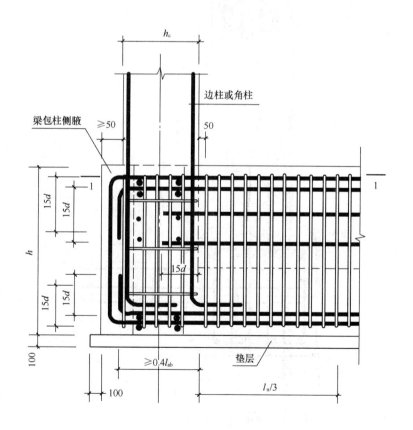

图 2-30　端部无外伸钢筋排布构造（一）

（a）构造一

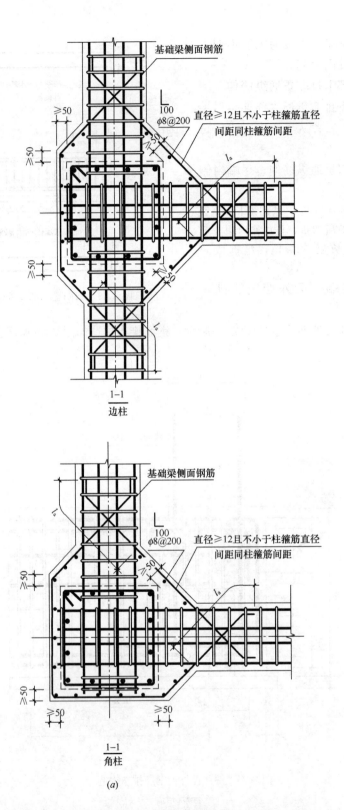

基础梁侧面钢筋

$\frac{100}{\phi 8@200}$

直径≥12且不小于柱箍筋直径
间距同柱箍筋间距

$\frac{1-1}{边柱}$

基础梁侧面钢筋

$\frac{100}{\phi 8@200}$

直径≥12且不小于柱箍筋直径
间距同柱箍筋间距

$\frac{1-1}{角柱}$

(a)

图 2-30　端部无外伸钢筋排布构造（二）

（a）构造一

56

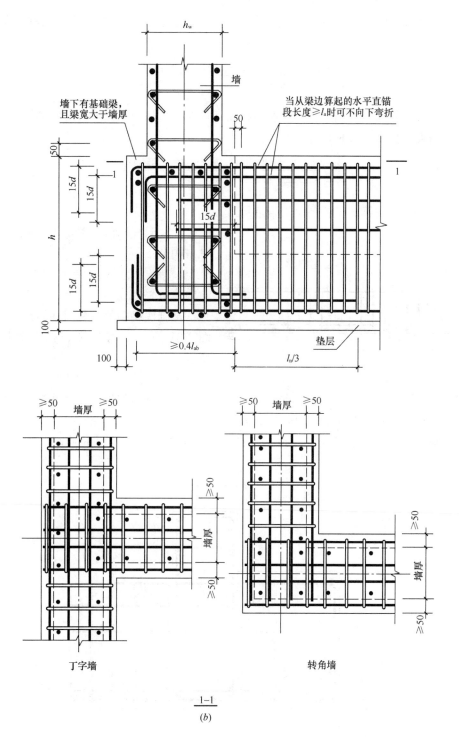

墙

墙下有基础梁，
且梁宽大于墙厚

当从梁边算起的水平直锚
段长度≥l_a时可不向下弯折

h_w

50

50

15d

15d

15d

15d

15d

100

垫层

100

≥0.4l_{ab}

$l_n/3$

丁字墙

转角墙

≥50 墙厚 ≥50

墙厚

≥50

≥50

≥50 墙厚 ≥50

墙厚

≥50

≥50

1—1

(b)

图 2-30 端部无外伸钢筋排布构造（三）

（b）构造二

下面讲述一下对构造图的理解：

（1）端部无外伸构造中基础梁底部与顶部纵筋应成对连通设置（可采用通长钢筋，或将底部与顶部钢筋焊接连接后弯折成型）。成对连通后顶部和底部多出的钢筋构造如下：

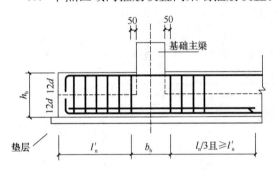

（2）基础梁侧面钢筋如果设计标明为抗扭钢筋时，自柱边开始伸入支座的锚固长度不小于 l_a，当直锚长度不够时，可向上弯折。

（3）节点区域内箍筋设置同梁端箍筋设置。

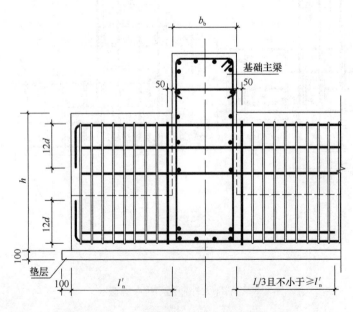

图 2-31 基础次梁端部等截面外伸钢筋构造

折 12d；梁底部贯通纵筋伸至尽端内侧弯折 12d。

（2）梁底部上排非贯通纵筋伸至端部截断，底部下排非贯通纵筋伸至尽端内侧弯折

2.3.5 基础次梁端部外伸部位钢筋排布构造

1. 基础次梁端部等截面外伸钢筋排布构造

基础次梁端部等截面外伸钢筋构造如图 2-31 所示，钢筋排布构造如图 2-32 所示。

下面讲述一下对构造图的理解：

（1）梁顶部贯通纵筋伸至尽端内侧弯

图 2-32 基础次梁端部等截面外伸钢筋排布构造

$12d$，二者从支座中心线向跨内的延伸长度为 $l_n/3+b_b/2$。

> 注：当 $l'_n+b_b≤l_a$ 时，基础次梁下部钢筋伸至端部后弯折 $15d$；从梁内边算起水平段长度由设计指定，当设计按铰接时应 $≥0.35l_{ab}$，当充分利用钢筋抗拉强度时应 $≥0.6l_{ab}$。

2. 基础次梁端部变截面外伸钢筋排布构造

端部变截面外伸钢筋构造如图 2-33 所示，钢筋排布构造如图 2-34 所示。

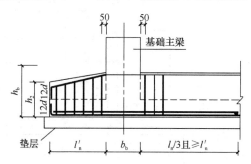

图 2-33　端部变截面外伸钢筋构造

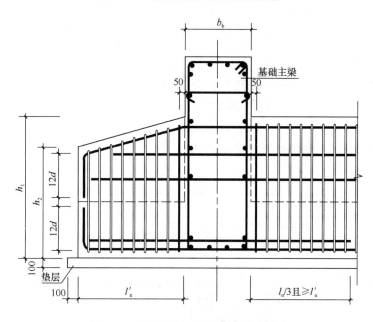

图 2-34　端部变截面外伸钢筋排布构造

下面讲述一下对构造图的理解：

（1）梁顶部贯通纵筋伸至尽端内侧弯折 $12d$。梁底部贯通纵筋伸至尽端内侧弯折 $12d$。

（2）梁底部上排非贯通纵筋伸至端部截断，梁底部下排非贯通纵筋伸至尽端内侧弯折 $12d$，二者从支座中心线向跨内的延伸长度为 $l_n/3+h_c/2$。

> 注：当 $l'_n+b_b≤l_a$ 时，基础梁下部钢筋伸至端部后弯折 $15d$；从梁内边算起水平段长度由设计指定，当设计按铰接时应 $≥0.35l_{ab}$，当充分利用钢筋抗拉强度时应 $≥0.6l_{ab}$。

3. 基础次梁端部无外伸钢筋排布构造

基础次梁端部无外伸钢筋排布构造如图 2-35 所示。

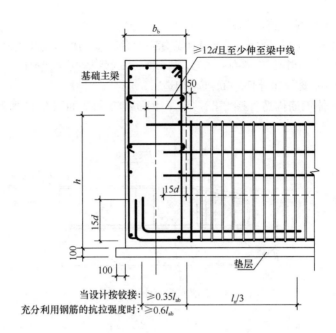

图 2-35　基础次梁端部无外伸钢筋排布构造

下面讲述一下对构造图的理解：

（1）节点区域内基础主梁箍筋设置同梁端箍筋设置。

（2）如果设计标明基础梁侧面钢筋为抗扭钢筋时，自梁边开始伸入支座的锚固长度不小于 l_a。

2.3.6　基础梁变截面部位钢筋排布构造

1. 梁顶有高差

梁顶有高差构造如图 2-36 所示，钢筋排布构造如图 2-37 所示。

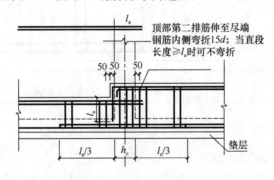

图 2-36　梁顶有高差钢筋构造

下面讲述一下对构造图的理解：

（1）梁底钢筋构造如图 2-22 所示；底部非贯通纵筋两向自柱边起，各自向跨内的延伸长度为 $l_n/3$，其中 l_n 为相邻两跨净跨之较大者。

（2）梁顶较低一侧上部钢筋直锚。

（3）梁顶较高一侧第一排钢筋伸至尽端向下弯折，距较低梁顶面 l_a 截断；顶部第二排钢筋伸至尽端钢筋内侧向下弯折 $15d$，当直锚长度足够时，可直锚。

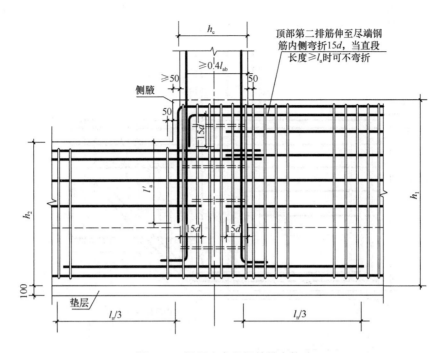

图 2-37 梁顶有高差钢筋排布构造

2. 梁底有高差

梁底有高差构造如图 2-38 所示，钢筋排布构造如图 2-39 所示。

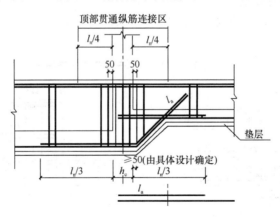

图 2-38 梁底有高差构造

下面讲述一下对构造图的理解：

（1）梁顶钢筋构造如图 2-22 所示。

（2）阴角部位注意避免内折角。梁底较高一侧下部钢筋直锚；梁底较低一侧钢筋伸至尽端弯折，注意直锚长度的起算位置（构件边缘阴角角点处）。

上述五种情况，钢筋构造做法与框架梁相对应的情况基本相同，值得注意的有两点：一是在梁柱交接范围内，框架梁不配置箍筋，而基础梁需要配置箍筋；二是基础梁纵筋如需接头，上部纵筋在柱两侧 $l_n/4$ 范围内，下部纵筋在梁跨中范围 $l_n/3$ 内。

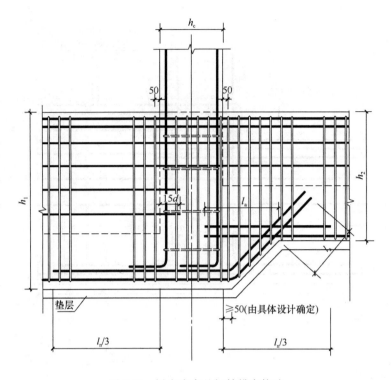

图 2-39　梁底有高差钢筋排布构造

3. 梁顶、梁底均有高差

梁顶、梁底均有高差钢筋构造如图 2-40 所示，钢筋排布构造如图 2-41 所示。

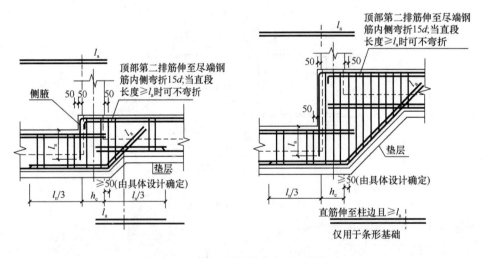

图 2-40　梁顶、梁底均有高差钢筋构造

下面讲述一下对构造图的理解：

（1）梁底面标高高的梁顶部第一排纵筋伸至尽端，弯折长度自梁底面标高低的梁顶部算起 l_a，顶部第二排纵筋伸至尽端钢筋内侧，弯折长度 15d，当直锚长度≥l_a 时可不弯折，梁底面标高低的梁顶部纵筋锚入长度为 l_a。

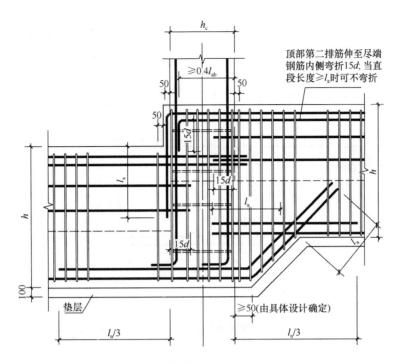

图 2-41 梁顶、梁底均有高差钢筋构造

（2）梁底面标高高的梁底部钢筋锚入梁内长度为 l_a；梁底面标高低的底部钢筋斜伸至梁底面标高高的梁内，锚固长度为 l_a。

4. 支座两侧基础梁宽度不同时钢筋排布构造

柱两边梁宽不同钢筋构造如图 2-42 所示，钢筋排布构造如图 2-43 所示。

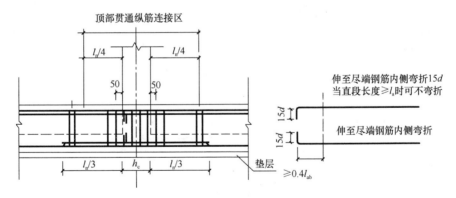

图 2-42 柱两边梁宽不同钢筋构造

下面讲述一下对构造图的理解：

（1）非宽出部位，柱子两侧底部、顶部钢筋构造如图 2-22 所示。

（2）宽出部位的顶部及底部钢筋伸至尽端钢筋内侧，分别向上、向下弯折 $15d$，从柱一侧边起，伸入的水平段长度不小于 $0.4l_{ab}$，当直锚长度足够时，可以直锚，不弯折；当梁截面尺寸相同，但柱两侧梁截面布筋根数不同时，一侧多出的钢筋也应照此构造做法。

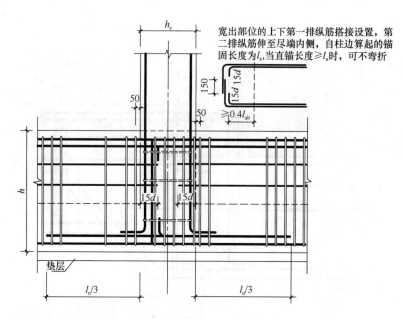

图 2-43　支座两侧基础梁宽度不同时钢筋排布构造

2.3.7　基础次梁变截面部位钢筋排布构造

1. 梁顶有高差

梁顶有高差构造如图 2-44 所示，钢筋排布构造如图 2-45 所示。

下面讲述一下对构造图的理解：

（1）梁底钢筋构造如图 2-23 所示；底部非贯通纵筋两向自基础主梁边缘算起，各自向跨内的延伸长度为 $l_n/3$，其中 l_n 为相邻两跨净跨之较大者。

（2）梁顶较低一侧上部钢筋直锚，且至少到梁中线。

（3）梁顶较高一侧钢筋伸至尽端向下弯折 $15d$。

2. 梁底有高差

梁底有高差构造如图 2-46 所示，钢筋排布构造如图 2-47 所示。

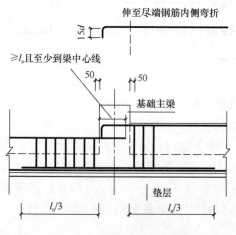

图 2-44　梁顶有高差构造

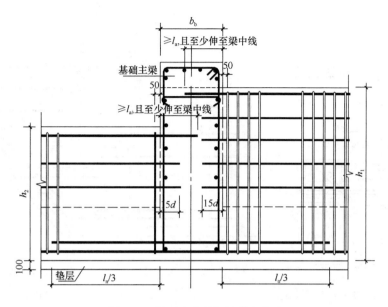

图 2-45　梁顶有高差钢筋排布构造

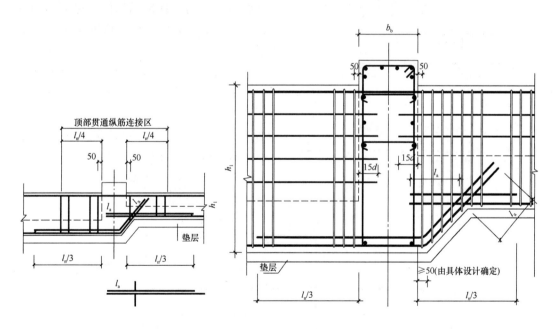

图 2-46　梁底有高差构造　　　　　图 2-47　梁底有高差钢筋排布构造

下面讲述一下对构造图的理解：

（1）梁顶钢筋构造如图 2-23 所示。

（2）阴角部位注意避免内折角。梁底较高一侧下部钢筋直锚；梁底较低一侧钢筋伸至尽端弯折，注意直锚长度的起算位置（构件边缘阴角角点处）。

3. 梁顶、梁底均有高差

梁顶、梁底均有高差钢筋构造如图 2-48 所示，钢筋排布构造如图 2-49 所示。

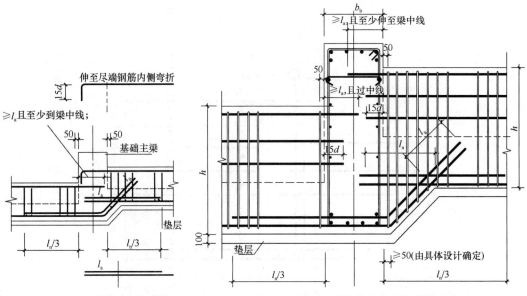

图 2-48 梁顶、梁底均有高差钢筋构造

图 2-49 梁顶、梁底均有高差钢筋排布构造

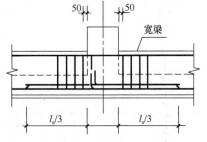

图 2-50 支座两边梁宽不同钢筋构造

下面讲述一下对构造图的理解：

（1）顶面标高高的梁顶部纵筋伸至尽端内侧弯折，弯折长度为 $15d$。梁顶面标高低的梁上部纵筋锚入基础梁内长度为 l_a。

（2）底面标高低的梁底部钢筋斜伸至梁底面标高高的梁内，锚固长度为 l_a；梁底面标高高的梁底部钢筋锚固长度为 l_a。

4. 支座两侧基础次梁宽度不同时钢筋排布构造

支座两边梁宽不同钢筋构造如图 2-50 所示，钢筋排布构造如图 2-51 所示。

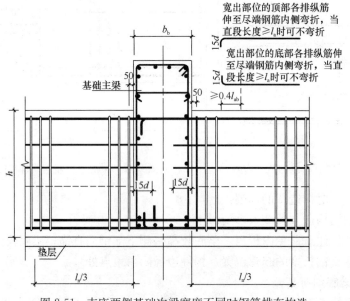

图 2-51 支座两侧基础次梁宽度不同时钢筋排布构造

下面讲述一下对构造图的理解：

（1）宽出部位的顶部各排纵筋伸至尽端钢筋内侧弯折 $15d$，当直线段 $\geq l_a$ 时可不弯折。

（2）宽出部位的底部各排纵筋伸至尽端钢筋内侧弯折 $15d$，弯折水平段长度 $\geq 0.4 l_{ab}$；当直线段 $\geq l_a$ 时可不弯折。

2.3.8 基础主梁与柱结合部侧腋钢筋排布构造

基础梁与柱结合部侧腋构造如图 2-52 所示，钢筋排布构造如图 2-53 所示。

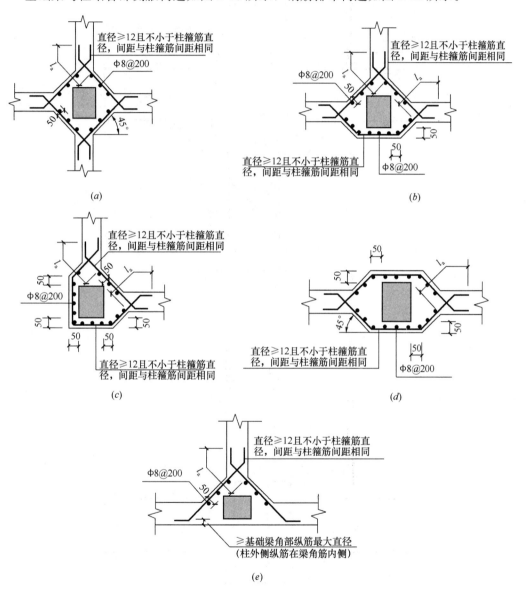

图 2-52 基础梁 JL 与柱结合部侧腋构造

（a）十字交叉基础梁与柱结合部；（b）丁字交叉基础梁与柱结合部；

（c）无外伸基础梁与柱结合部；（d）基础梁中心穿柱；

（e）基础梁偏心穿柱与柱结合部

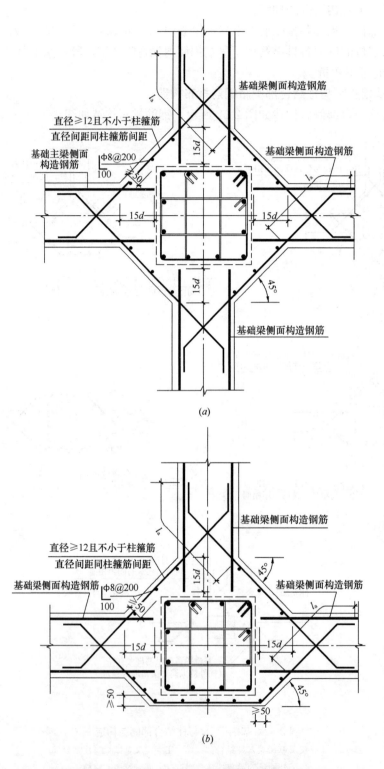

图 2-53 基础主梁与柱结合部侧腋钢筋排布构造 （一）

(a) 十字交叉基础主梁与柱结合部；(b) 丁字交叉基础主梁与柱结合部；

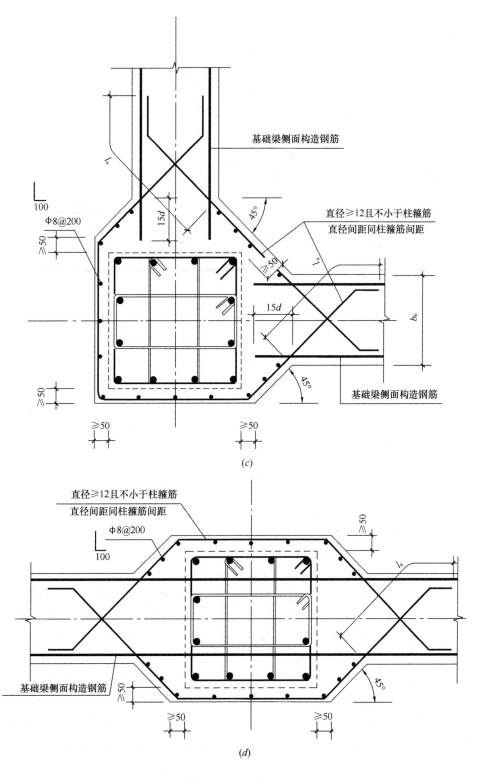

图 2-53　基础主梁与柱结合部侧腋钢筋排布构造（二）

（c）无外伸主梁与角柱结合部；（d）基础主梁中心穿柱与柱结合部

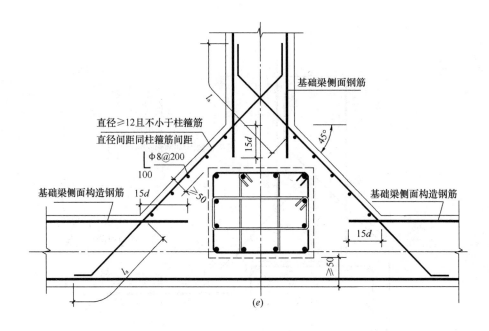

图 2-53   基础主梁与柱结合部侧腋钢筋排布构造（三）

(e) 基础主梁偏心穿柱与柱结合部

下面讲述一下对构造图的理解：

（1）基础梁与柱结合部侧加腋筋，由加腋筋及其分布筋组成，均不需要在施工图上标注，按图集上构造规定即可；加腋筋规格$\geqslant\phi12$且不小于柱箍筋直径，间距同柱箍筋间距；加腋筋长度为侧腋边长加两端l_a；分布筋规格为$8\phi200$。

（2）当柱与基础梁结合部位的梁顶面高度不同时，梁包柱侧腋顶面应与较高基础梁的梁面一平（即在同一平面上），侧腋顶面至较低梁顶面高差内的侧腋，可参照角柱或丁字交叉基础梁包柱侧腋构造进行施工。

2.3.9   梁板式筏形基础钢筋排布构造

1. 梁板式筏形基础底板钢筋的连接位置

梁板式筏形基础平板钢筋的连接位置如图 2-54 所示。

支座两侧的钢筋应协调配置，当两侧配筋直径相同而根数不同时，应将配筋小的一侧的钢筋全部穿过支座，配筋大的一侧的多余钢筋至少伸至支座对边内侧，锚固长度为l_a，当支座内长度不能满足时，则将多余的钢筋伸至对侧板内，以满足锚固长度要求。

2. 梁板式筏形基础底板纵向钢筋排布构造

梁板式筏形基础平板钢筋构造如图 2-55 所示，钢筋排布构造如图 2-56 所示。

下面讲述一下对构造图的理解：

（1）顶部贯通纵筋在连接区内采用搭接、机械连接或焊接。同一连接区段内接头面积百分比率不宜大于 50%。当钢筋长度可穿过一连接区到下一连接区并满足要求时，宜穿越设置。

（2）底部非贯通纵筋自梁中心线到跨内的伸出长度$\geqslant l_n/3$（l_n是基础平板 LPB 的轴线跨度）。

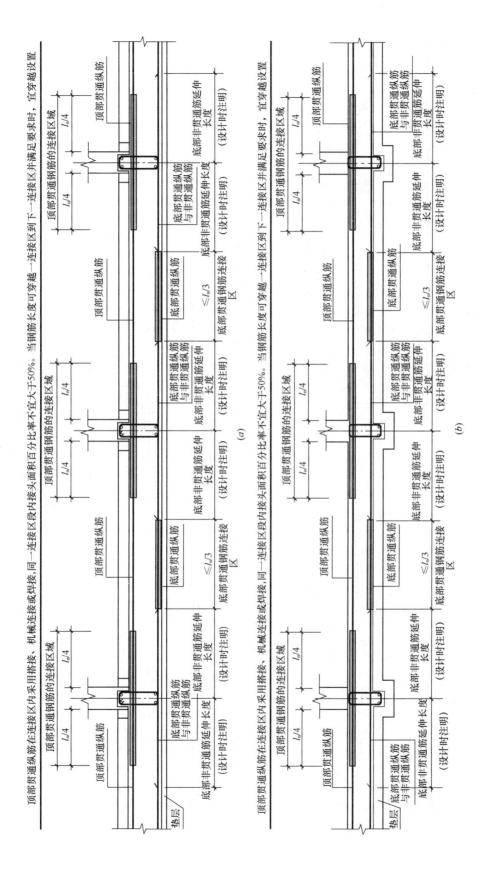

图 2-54　梁板式筏形基础平板钢筋的连接位置

(a) 基础梁板底平; (b) 基础梁板顶平

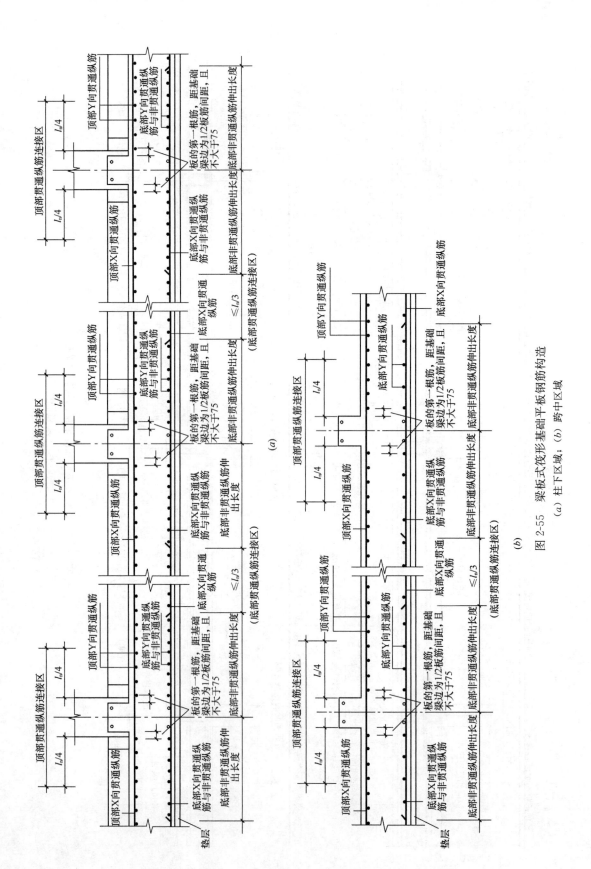

图 2-55　梁板式筏形基础平板钢筋的构造

(a) 柱下区域；(b) 跨中区域

72

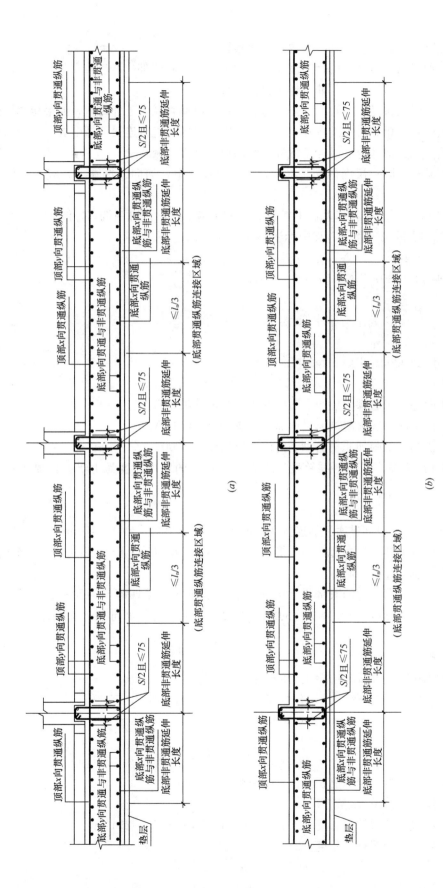

图 2-56 梁板式筏形基础底板底板纵向钢筋排布构造平面图

（a）柱下区域；（b）跨中区域

（3）底部贯通纵筋在基础平板内按贯通布置。

底部贯通纵筋连接区长度＝跨度－左侧伸出长度－右侧伸出长度$\leqslant l_n/3$（"左、右侧延伸长度"即左、右侧的底部非贯通纵筋伸出长度）。

底部贯通纵筋直径不一致时：当某跨底部贯通纵筋直径大于邻跨时，如果相邻板区板底一平，则应在两毗邻跨中配置较小一跨的跨中连接区内进行连接（即配置较大板跨的底部贯通纵筋须越过板区分界线伸至毗邻板跨的跨中连接区域）。

（4）基础平板同一层面的交叉纵筋，何向纵筋在下，何向纵筋在上，应按具体设计说明。

【例 2-26】 梁板式筏形基础平板在 X 方向上有 7 跨，而且两端有外伸。

在 X 方向上的第一跨上有集中标注：

LPB1　$h=400$

X：BΦ14@300；TΦ14@300；（4A）

Y：略

在 X 方向的第五跨上有集中标注：

LPB2　$h=400$

X：BΦ12@300；TΦ12@300；（4A）

Y：略

在第 1 跨标注了底部附加非贯通纵筋①Φ14@300（4A）

在第 5 跨标注了底部附加非贯通纵筋②Φ14@300（3A）

原位标注的底部附加非贯通纵筋跨内伸出长度为 1800

基础平板 LPB3 每跨的轴线跨度均为 5000，两端的伸出长度为 1000。混凝土强度等级为 C20。

【解】

（1）（第 5 跨）底部贯通纵筋连接区长度＝5000－1800－1800＝1400mm

底部贯通纵筋连接区的起点为非贯通纵筋的端点，即（第 5 跨）底部贯通纵筋连接区的起点是⑤号轴线以右 1800 处。

（2）第一跨至第四跨的底部贯通纵筋①Φ14 钢筋越过第四跨与第五跨的分界线（⑤号轴线）以右 1800 处，伸入第 5 跨的跨中连接区与第 5 跨的底部贯通纵筋②Φ12 进行搭接。

（3）搭接长度的计算

①Φ14 钢筋与②Φ12 钢筋的搭接长度

$$l_l = 1.4 \times l_a$$
$$= 1.4 \times 39d$$
$$= 1.4 \times 39 \times 12$$
$$= 655\text{mm}$$

（4）外伸部位的贯通纵筋长度＝1000－40＝960mm

（5）①Φ14 钢筋的长度

第一个搭接点位置钢筋长度＝960＋5000×4＋1800＋655＝23415mm

第二个搭接点位置钢筋长度＝23415＋$1.3l_l$

$$=23415+1.3\times655$$
$$=24267mm$$

（6）②Φ12 钢筋长度

钢筋长度 $1=1400+1800+5000\times2+960=14160mm$

钢筋长度 $2=14160-850=13310mm$

3．梁板式筏形基础平板外伸端部钢筋排布构造

（1）梁板式筏形基础端部等截面外伸钢筋排布构造

梁板式筏形基础端部等截面外伸构造如图 2-57 所示，钢筋排布构造如图 2-58 所示。

下面讲述一下对构造图的理解：

1）底部贯通纵筋伸至外伸尽端（留保护层），向上弯折 $12d$。

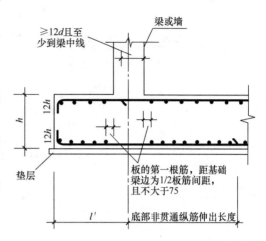

图 2-57　梁板式筏形基础端部等截面外伸构造

2）顶部钢筋伸至外伸尽端向下弯折 $12d$。

3）无需延伸到外伸段顶部的纵筋，其伸入梁内水平段的长度不小于 $12d$，且至少到梁中线。

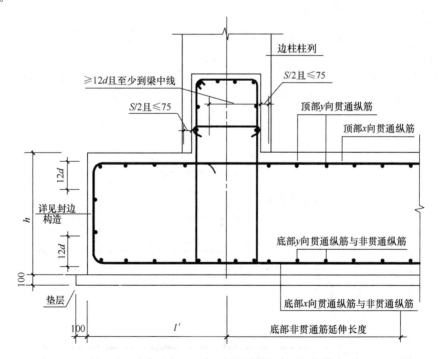

图 2-58　梁板式筏形基础端部等截面外伸钢筋排布构造

4）板外边缘应封边，封边构造如图 2-59 所示。

（2）梁板式筏形基础端部变截面外伸钢筋排布构造

梁板式筏形基础端部变截面外伸构造如图 2-60 所示，钢筋排布构造如图 2-61 所示。

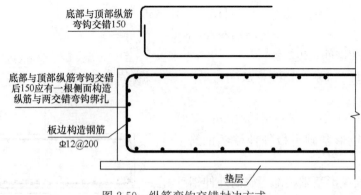

图 2-59 纵筋弯钩交错封边方式

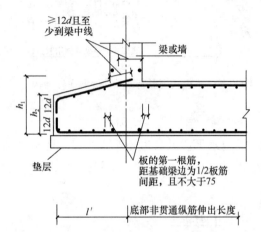

图 2-60 梁板式筏形基础端部变截面外伸构造

下面讲述一下对构造图的理解：

1）底部贯通纵筋伸至外伸尽端（留保护层），向上弯折 $12d$。

2）非外伸段顶部钢筋伸至梁内水平段长度不小于 $12d$，且至少到梁中线。

3）外伸段顶部纵筋伸入梁内长度不小于 $12d$，且至少到梁中线。

4）板外边缘应封边，封边构造如图 2-62 所示。

（3）梁板式筏形基础端部无外伸钢筋排布构造

梁板式筏形基础端部无外伸构造如图 2-63 所示，钢筋排布构造如图 2-64 所示。

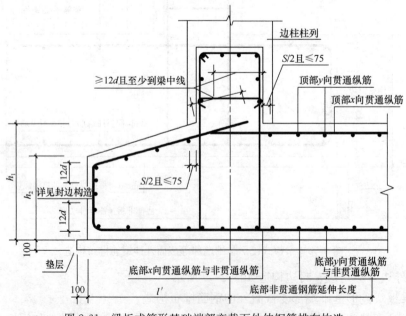

图 2-61 梁板式筏形基础端部变截面外伸钢筋排布构造

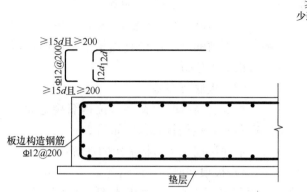

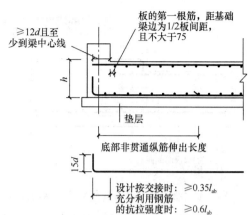

图 2-62 U 形筋构造封边方式　　　　图 2-63 梁板式筏形基础端部无外伸构造

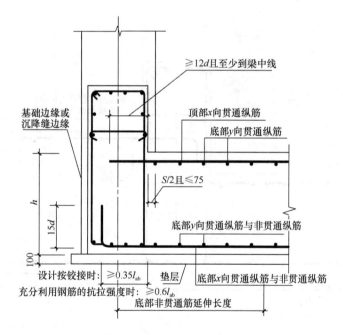

图 2-64 梁板式筏形基础端部无外伸钢筋排布构造

下面讲述一下对构造图的理解：

1）板的第一根筋，距基础梁边为 1/2 板筋间距，且不大于 75mm。

2）底板贯通纵筋与非贯通纵筋均伸至尽端钢筋内侧，向上弯折 15d，且从基础梁内侧起，伸入梁端部水平段长度由设计指定。底部非贯通纵筋，从基础梁内边缘向跨内的延伸长度由设计指定。

3）顶部板筋伸至基础梁内的水平段长度不小于 12d，且至少到梁中线。

4．梁板式筏形基础平板变截面部位钢筋排布构造

（1）板顶有高差

板顶有高差时变截面部位钢筋构造如图 2-65 所示，钢筋排布构造如图 2-66 所示。

下面讲述一下对构造图的理解：

77

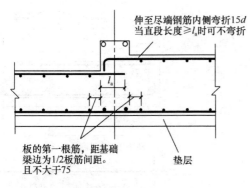

伸至尽端钢筋内侧弯折15d
当直段长度≥l_a时可不弯折

板的第一根筋，距基础
梁边为1/2板筋间距。
且不大于75

垫层

图 2-65　板顶有高差时变截面部位钢筋构造

1）板底钢筋同一般情况如图 2-55 所示。

2）板顶较低一侧上部钢筋直锚。

3）板顶较高一侧钢筋伸至尽端钢筋内侧，向下弯折 15d，当直锚长度足够时，可以直锚，不弯折。

（2）板底有高差

板底有高差时变截面部位钢筋构造如图 2-67 所示，钢筋排布构造如图 2-68 所示。

下面讲述一下对构造图的理解：

1）板顶钢筋同一般情况。

2）阴角部位注意避免内折角。板底较高一侧下部钢筋直锚；板底较低一侧钢筋伸至尽端弯折，注意直锚长度的起算位置（构件边缘阴角角点处）。

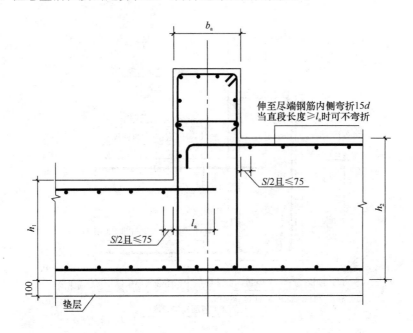

伸至尽端钢筋内侧弯折15d
当直段长度≥l_a时可不弯折

$S/2$且≤75

$S/2$且≤75

垫层

图 2-66　板顶有高差时变截面部位钢筋排布构造

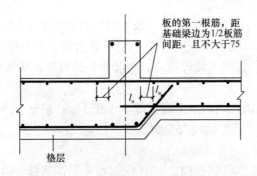

板的第一根筋，距
基础梁边为1/2板筋
间距。且不大于75

垫层

图 2-67　板底有高差时变截面部位钢筋构造

78

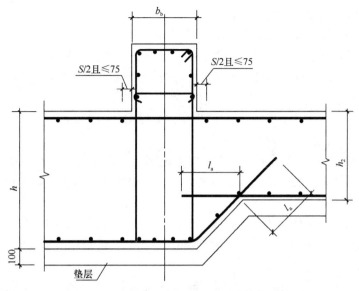

图 2-68　板底有高差时变截面部位钢筋排布构造

（3）板顶、板底均有高差

板顶、板底均有高差时变截面部位钢筋构造如图 2-69 所示，钢筋排布构造如图 2-70 所示。

下面讲述一下对构造图的理解：

1）板顶面标高高的板顶部纵筋伸至尽端内侧弯折，弯折长度为 $15d$。板顶面标高低的板上部纵筋锚入基础梁内长度为 l_a。

2）底面标高低的基础平板底部钢筋

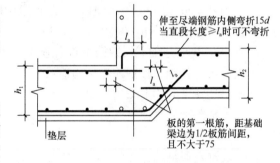

图 2-69　板顶、板底均有高差时变截面部位钢筋构造

斜伸至梁底面标高高的梁内，锚固长度为 l_a；底面标高高的平板底部钢筋锚固长度取 l_a。

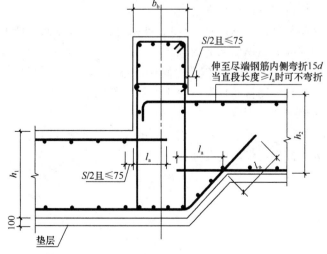

图 2-70　板顶、板底均有高差时变截面部位钢筋排布构造

2.3.10 平板式筏形基础钢筋排布构造

1. 平板式筏形基础钢筋标准排布构造

平板式筏形基础相当于倒置的无梁楼盖。理论上，平板式筏形基础有条件划分板带时，可划分为柱下板带 ZXB 和跨中板带 KZB 两种；无条件划分板带时，按平板式筏形基础平板 BPB 考虑。

柱下板带 ZXB 和跨中板带 KZB 钢筋排布构造如图 2-71 所示。

下面讲述一下对构造图的理解：

(1) 不同配置的底部贯通纵筋，应在两个毗邻跨中配置较小一跨的跨中连接区连接（即配置较大一跨的底部贯通纵筋，需超过其标注的跨数终点或起点，伸至毗邻跨的跨中连接区）。

(2) 柱下板带与跨中板带的底部贯通纵筋，可在跨中 1/3 净跨长度范围内搭接连接、机械连接或焊接；柱下板带及跨中板带的顶部贯通纵筋，可在柱网轴线附近 1/4 净跨长度范围内采用搭接连接、机械连接或焊接。

(3) 基础平板同一层面的交叉纵筋，何向纵筋在下，何向纵筋在上，应按具体设计说明。

(4) 当基础板厚＞2000mm 时，宜在板厚中间部位设置与板面平行的构造钢筋网片，钢筋直径不宜小于 12mm，间距不大于 300mm 的双向钢筋网。

2. 平板式筏形基础平板钢筋排布构造（柱下区域）

平板式筏形基础平板钢筋排布构造（柱下区域）如图 2-72 所示。

下面讲述一下对构造图的理解：

(1) 底部附加非贯通纵筋自梁中线到跨内的伸出长度≥$l_n/3$（l_n为基础平板的轴线跨度）。

(2) 底部贯通纵筋连接区长度＝跨度－左侧延伸长度－右侧延伸长度≤$l_n/3$（左、右侧延伸长度即左、右侧的底部非贯通纵筋延伸长度）。

当底部贯通纵筋直径不一致时：

当某跨底部贯通纵筋直径大于邻跨时，如果相邻板区板底一平，则应在两毗邻跨中配置较小一跨的跨中连接区内进行连接。

(3) 顶部贯通纵筋按全长贯通设置，连接区的长度为正交方向的柱下板带宽度。

(4) 跨中部位为顶部贯通纵筋的非连接区。

3. 平板式筏形基础平板钢筋排布构造（跨中区域）

平板式筏形基础平板钢筋排布构造（跨中区域）如图 2-73 所示。

下面讲述一下对构造图的理解：

(1) 顶部贯通纵筋按全长贯通设置，连接区的长度为正交方向的柱下板带宽度。

(2) 跨中部位为顶部贯通纵筋的非连接区。

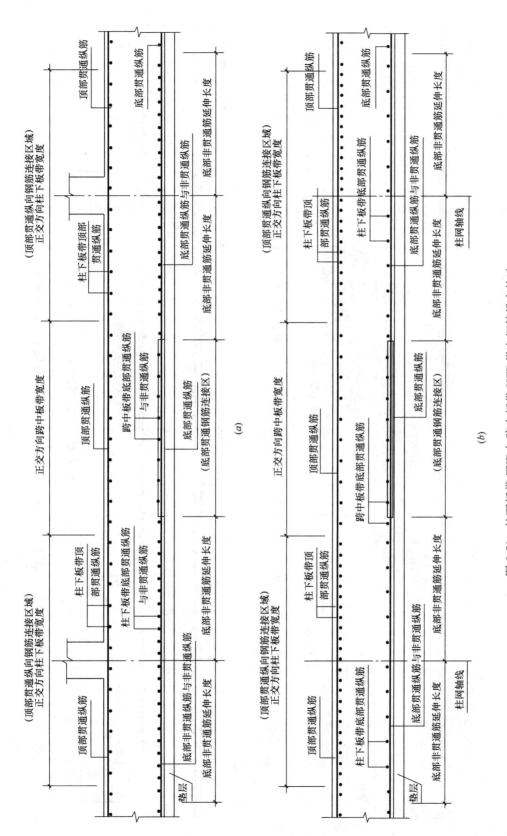

图 2-71 柱下板带 ZXB 与跨中板带 KZB 纵向钢筋排布构造

(a) 柱下板带；(b) 跨中板带

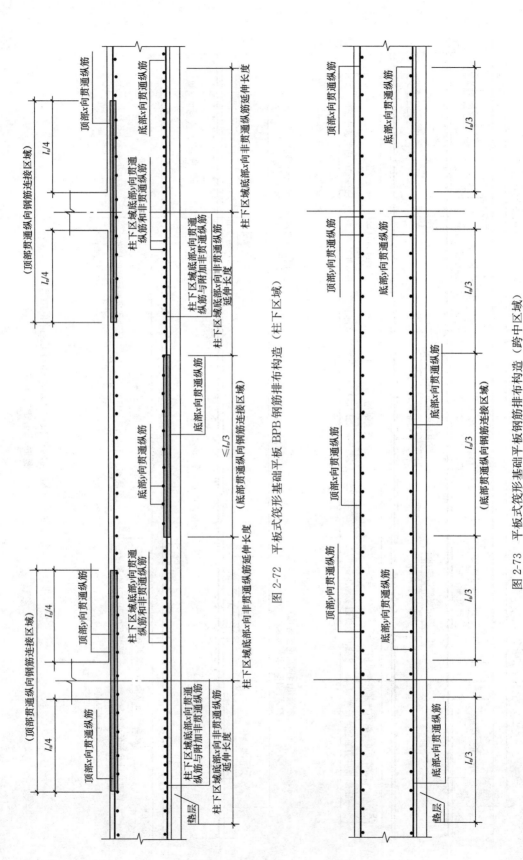

图 2-72 平板式筏形基础平板 BPB 钢筋排布构造（柱下区域）

图 2-73 平板式筏形基础平板钢筋排布构造（跨中区域）

82

3 框 架 部 分

3.1 平法柱的识图

3.1.1 柱列表注写方式

列表注写方式，是指在柱平面布置图上（一般只需采用适当比例绘制一张柱平面布置图，包括框架柱、框支柱、梁上柱和剪力墙上柱），分别在同一编号的柱中选择一个（有时需要选择几个）截面标注几何参数代号；在柱表中注写柱编号、柱段起止标高、几何尺寸（含柱截面对轴线的偏心情况）与配筋的具体数值，并配以各种柱截面形状及其箍筋类型图的方式，来表达柱平法施工图。

（1）注写柱编号

柱编号由类型代号和序号组成，应符合表 3-1 的规定。

柱 编 号　　　　　　　　　　　　　　　　　　表 3-1

柱类型	代号	序号
框架柱	KZ	××
框支柱	KZZ	××
芯柱	XZ	××
梁上柱	LZ	××
剪力墙上柱	QZ	××

注：编号时，当柱的总高、分段截面尺寸和配筋均对应相同，仅截面与轴线的关系不同时，仍可将其编为同一柱号，但应在图中注明截面轴线的关系。

（2）注写柱段起止标高

自柱根部往上以变截面位置或截面未变但配筋改变处为界分段注写。框架柱和框支柱的根部标高系指基础顶面标高；芯柱的根部标高系指根据结构实际需要而定的起始位置标高；梁上柱的根部标高系指梁顶面标高；剪力墙上柱的根部标高为墙顶面标高。

（3）注写截面几何尺寸

对于矩形柱，截面尺寸用 $b×h$ 表示，通常，$b×h$ 及与轴线关系的几何参数代号 b_1、b_2 和 h_1、h_2 的具体数值，需对应于各段柱分别注写。其中 $b=b_1+b_2$，$h=h_1+h_2$。当截面的某一边收缩变化至与轴线重合或偏到轴线的另一侧时，b_1、b_2、h_1、h_2 中的某项为零或为负值。

对于圆柱，截面尺寸用 d 表示。为表达简单，圆柱截面与轴线的关系也用 b_1、b_2 和 h_1、h_2 表示，并使 $d=b_1+b_2=h_1+h_2$。

对于芯柱，根据结构需要，可以在某些框架柱的一定高度范围内，在其内部的中心位置设置（分别引注其柱编号）。芯柱截面尺寸按构造确定，并按本书钢筋构造详图施工，设计不需注写；当设计者采用与本构造详图不同的做法时，应另行注明。芯柱定位随框架柱，不需要注写其与轴线的几何关系。

（4）注写柱纵筋

当柱纵筋直径相同，各边根数也相同时（包括矩形柱、圆柱和芯柱），可将纵筋注写在"全部纵筋"一栏中；除此之外，柱纵筋分角筋、截面 b 边中部筋和 h 边中部筋三项分别注写（对于采用对称配筋的矩形截面柱，可仅注写一侧中部筋，对称边省略不注）。

（5）在箍筋类型栏内注写箍筋的类型号与肢数

具体工程所设计的各种箍筋类型图以及箍筋复合的具体方式，需画在表的上部或图中的适当位置，并在其上标注与表中相对应的 b、h 和类型号。常见箍筋类型号所对应的箍筋形状如图 3-1 所示。

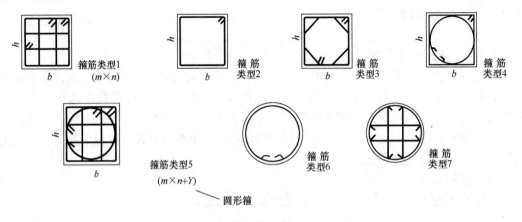

图 3-1　箍筋类型号及所对应的箍筋形状

当为抗震设计时，确定箍筋肢数时要满足对柱纵筋"隔一拉一"以及箍筋肢距的要求。

（6）注写柱箍筋，包括箍筋级别、直径与间距

当为抗震设计时，用斜线"/"区分柱端箍筋加密区与柱身非加密区长度范围内箍筋的不同间距。施工人员需根据标准构造详图的规定，在规定的几种长度值中取其最大者作为加密区长度。当框架节点核芯区内箍筋与柱端箍筋设置不同时，应在括号中注明核芯区箍筋直径及间距。

【例 3-1】　$\phi 10@100/250$，表示箍筋为 HPB300 级钢筋，直径 $\phi 10$，加密区间距为 100，非加密区间距为 250。

$\phi 10@100/250$（$\phi 12@100$），表示柱中箍筋为 HPB300 级钢筋，直径 $\phi 10$，加密区间距为 100，非加密区间距为 250。框架节点核芯区箍筋为 HPB300 级钢筋，直径 $\phi 12$，间距为 100。

当箍筋沿柱全高为一种间距时，则不使用"/"线。

【例 3-2】　$\phi 10@100$，表示沿柱全高范围内箍筋均为 HPB300 级钢筋，直径 $\phi 10$，间距为 100。

当圆柱采用螺旋箍筋时，需在箍筋前加"L"。

【例 3-3】　$L\phi 10@100/200$，表示采用螺旋箍筋，HPB300 级钢筋，直径 $\phi 10$，加密区间距为 100，非加密区间距为 200。

3.1.2　柱截面注写方式

截面注写方式，是在柱平面布置图的柱截面上，分别在同一编号的柱中选择一个截面，以直接注写截面尺寸和配筋具体数值的方式来表达柱平法施工图。

柱截面注写方式与识图，如图 3-2 所示。

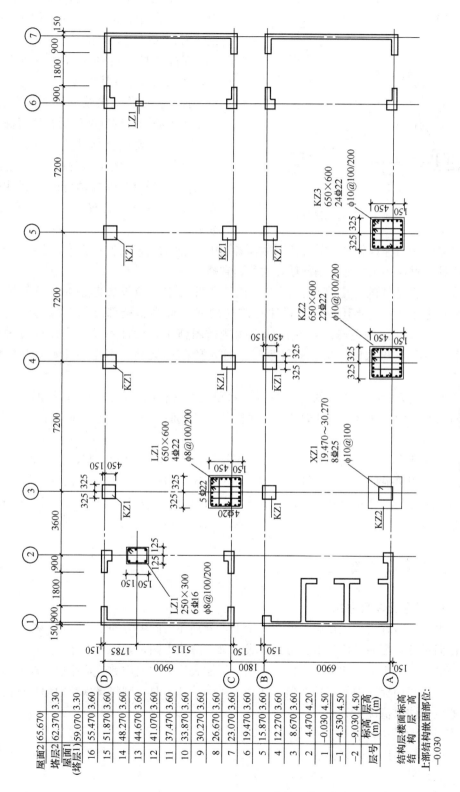

图 3-2 柱截面注写方式图示

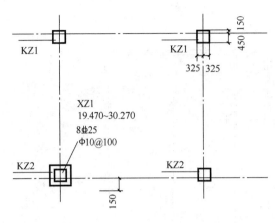

图 3-3　截面注写方式的芯柱表达

截面注写方式中，若某柱带有芯柱，则直接在截面注写中，注写芯柱编号及起止标高，如图 3-3 所示。

对除芯柱之外的所有柱截面进行编号，从相同编号的柱中选择一个截面，按另一种比例原位放大绘制柱截面配筋图，并在各配筋图上继其编号后再注写截面尺寸 $b \times h$、角筋或全部纵筋（当纵筋采用一种直径且能够图示清楚时）、箍筋的具体数值，以及在柱截面配筋图上标注柱截面与轴线关系 b_1、b_2、h_1、h_2 的具体数值。

当纵筋采用两种直径时，需再注写截面各边中部筋的具体数值（对于采用对称配筋的矩形截面柱，可仅在一侧注写中部筋，对称边省略不注）。

当在某些框架柱的一定高度范围内，在其内部的中心位设置芯柱时，首先按照表 3-1 的规定进行编号，继其编号之后注写芯柱的起止标高、全部纵筋及箍筋的具体数值，芯柱截面尺寸按构造确定，并按标准构造详图施工，设计不注；当设计者采用与本构造详图不同的做法时，应另行注明。芯柱定位随框架柱，不需要注写其与轴线的几何关系。

在截面注写方式中，如柱的分段截面尺寸和配筋均相同，仅截面与轴线的关系不同时，可将其编为同一柱号。但此时应在未画配筋的柱截面上注写该柱截面与轴线关系的具体尺寸。

采用截面注写方式绘制柱平法施工图，可按单根柱标准层分别绘制，也可将多个标准层合并绘制。当单根柱标准层分别绘制时，柱平法施工图的图纸数量和柱标准层的数量相等；当将多个标准层合并绘制时，柱平法施工图的图纸数量更少，也更便于施工人员对结构形成整体概念。

3.2　平法梁的识图

3.2.1　梁平面注写方式

梁的平面注写方式，系在梁平面布置图上，分别在不同编号的梁中各选一根梁，在其上注写截面尺寸及配筋具体数值的方式来表达梁平法施工图，如图 3-4 所示。

平面注写包括集中标注与原位标注，集中标注表达梁的通用数值，原位标注表达梁的特殊数值。当集中标注中的某项数值不适用于梁的某部位时，则将该项数值原位标注，施工时，原位标注取值优先。

1. 集中标注

集中标注包括以下内容：

（1）梁编号

梁编号为必注值，表达形式见表 3-2。

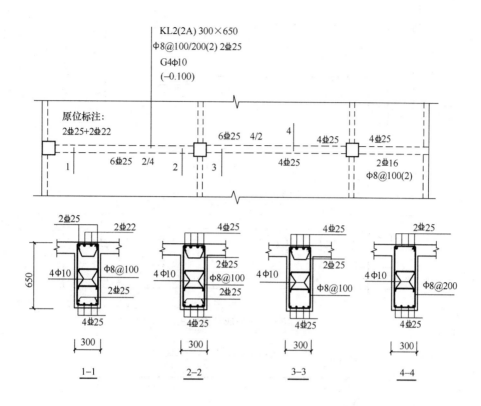

图 3-4 梁构件平面注写方式

梁　编　号　　　　　　　　　　　　　　　　　　表 3-2

梁类型	代号	序号	跨数及是否带有悬挑
楼层框架梁	KL	××	（××）、（××A）或（××B）
屋面框架梁	WKL	××	（××）、（××A）或（××B）
非框架梁	L	××	（××）、（××A）或（××B）
框支梁	KZL	××	（××）、（××A）或（××B）
悬挑梁	XL	××	
井字梁	JZL	××	（××）、（××A）或（××B）

注：（××A）为一端有悬挑，（××B）为两端有悬挑，悬挑不计入跨数。井字梁的跨数见有关内容。

（2）梁截面尺寸

当为等截面梁时，用 $b \times h$ 表示；

当为竖向加腋梁时，用 $b \times h \ GYc_1 \times c_2$ 表示，其中 c_1 表示腋长，c_2 表示腋高，如图 3-5 所示。

当为水平加腋梁时，用 $b \times h \ PYc_1 \times c_2$ 表示，其中 c_1 表示腋长，c_2 表示腋宽，如图 3-6 所示。

当有悬挑梁且根部和端部的高度不同时，用斜线分隔根部与端部的高度值，即为 $b \times h_1/h_2$，如图 3-7 所示。

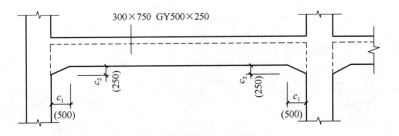

图 3-5　竖向加腋梁标注

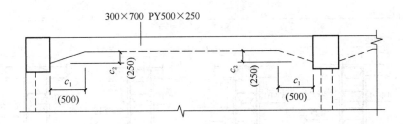

图 3-6　水平加腋梁标注

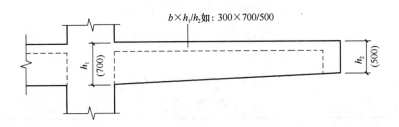

图 3-7　悬挑梁不等高截面标注

（3）梁箍筋

梁箍筋，包括钢筋级别、直径、加密区与非加密区间距及肢数，该项为必注值。箍筋加密区与非加密区的不同间距及肢数需用斜线"/"分隔；当梁箍筋为同一种间距及肢数时，则不需用斜线；当加密区与非加密区的箍筋肢数相同时，则将肢数注写一次；箍筋肢数应写在括号内。加密区范围见相应抗震等级的标准构造详图。

【例 3-4】　$\phi10@100/200$（4），表示箍筋为 HPB300 级钢筋，直径 $\phi10$，加密区间距为 100，非加密区间距为 200，均为四肢箍。

$\phi8@100$（4）$/150$（2），表示箍筋为 HPB300 钢筋，直径 $\phi8$，加密区间距为 100，四肢箍；非加密区间距为 150，两肢箍。

当抗震设计中的非框架梁、悬挑梁、井字梁，及非抗震设计中的各类梁采用不同的箍筋间距及肢数时，也用斜线"/"将其分隔开来。注写时，先注写梁支座端部的箍筋（包括箍筋的箍数、钢筋级别、直径、间距与肢数），在斜线后注写梁跨中部分的箍筋间距及肢数。

【例 3-5】　$13\phi10@150/200$（4），表示箍筋为 HPB300 钢筋，直径 $\phi10$；梁的两端各有 13 个四肢箍，间距为 150；梁跨中部分间距为 200，四肢箍。

$18\phi12@150$（4）$/200$（2），表示箍筋为 HPB300 级钢筋，直径 $\phi12$；梁的两端各有

18个四肢箍，间距为150；梁跨中部分，间距为200，双肢箍。

（4）梁上部通长筋或架立筋

梁构件的上部通长筋或架立筋配置（通长筋可为相同或不同直径采用搭接连接、机械连接或焊接的钢筋），所注规格与根数应根据结构受力要求及箍筋肢数等构造要求而定。当同排纵筋中既有通长筋又有架立筋时，应用加号"＋"将通长筋和架立筋相联。注写时需将角部纵筋写在加号的前面，架立筋写在加号后面的括号内，以示不同直径及与通长筋的区别。当全部采用架立筋时，则将其写入括号内。

【例3-6】 2Φ22用于双肢箍，2Φ22＋（4ϕ12）用于六肢箍。表示2Φ22为通长筋，4ϕ12为架立筋。

当梁的上部纵筋和下部纵筋为全跨相同，且多数跨配筋相同时，此项可加注下部纵筋的配筋值，用分号";"将上部与下部纵筋的配筋值分隔开来表达。少数跨不同者，则将该项数值原位标注。

【例3-7】 3Φ22；3Φ20表示梁的上部配置3Φ22的通长筋，梁的下部配置3Φ20的通长筋。

（5）梁侧面纵向构造钢筋或受扭钢筋配置

当梁腹板高度$h_w \geqslant 450mm$时，需配置纵向构造钢筋，所注规格与根数应符合规范规定。此项注写值以大写字母G打头，接续注写设置在梁两个侧面的总配筋值，且对称配置。

【例3-8】 G4ϕ12，表示梁的两个侧面共配置4ϕ12的纵向构造钢筋，每侧各配置2ϕ12。

当梁侧面需配置受扭纵向钢筋时，此项注写值以大写字母N打头，接续注写配置在梁两个侧面的总配筋值，且对称配置。受扭纵向钢筋应满足梁侧面纵向构造钢筋的间距要求，且不再重复配置纵向构造钢筋。

【例3-9】 N6Φ22，表示梁的两个侧面共配置6Φ22的受扭纵向钢筋，每侧各配置3Φ22。

注：1. 当为梁侧面构造钢筋时，其搭接与锚固长度可取为15d。

2. 当为梁侧面受扭纵向钢筋时，其搭接长度为l_l或l_{lE}（抗震），锚固长度为l_a或l_{aE}（抗震）；其锚固方式同框架梁下部纵筋。

（6）梁顶面标高高差

梁顶面标高高差，系指相对于结构层楼面标高的高差值，对于位于结构夹层的梁，则指相对于结构夹层楼面标高的高差。有高差时，需将其写入括号内，无高差时不注。

注：当某梁的顶面高于所在结构层的楼面标高时，其标高高差为正值，反之为负值。

【例3-10】 某结构标准层的楼面标高为44.950m和48.250m，当某梁的梁顶面标高高差注写为（－0.050）时，即表明该梁顶面标高分别相对于44.950m和48.250m低0.05m。

2. 原位标注

（1）梁支座上部纵筋

梁支座上部纵筋，是指标注该部位含通长筋在内的所有纵筋。

1）当上部纵筋多于一排时，用斜线"/"将各排纵筋自上而下分开。

【例 3-11】 梁上部纵筋注写为 6Φ25 4/2，则表示上一排纵筋为 4Φ25，下一排纵筋为 2Φ25。

2）当同排纵筋有两种直径时，用"＋"将两种直径的纵筋相联，注写时角筋写在前面。

【例 3-12】 梁支座上部有四根纵筋，2Φ25 放在角部，2Φ22 放在中部，在梁支座上部应注写为 2Φ25＋2Φ22。

3）当梁中间支座两边的上部纵筋不同时，须在支座两边分别标注；当梁中间支座两边的上部纵筋相同时，可仅在支座的一边标注配筋值，另一边省去不注，如图 3-8 所示。

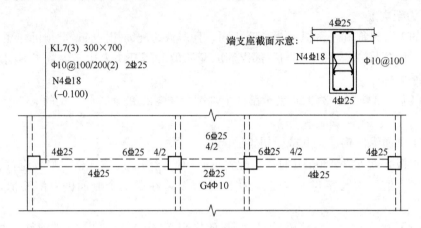

图 3-8　梁中间支座两边的上部纵筋不同时的注写方式

（2）梁下部纵筋

1）当下部纵筋多于一排时，用斜线"/"将各排纵筋自上而下分开。

【例 3-13】 梁下部纵筋注写为 6Φ25 2/4，则表示上一排纵筋为 2Φ25，下一排纵筋为 4Φ25，全部伸入支座。

2）当同排纵筋有两种直径时，用加号"＋"将两种直径的纵筋相联，注写时角筋写在前面。

3）当梁下部纵筋不全部伸入支座时，将梁支座下部纵筋减少的数量写在括号内。

【例 3-14】 梁下部纵筋注写为 6Φ25 2（－2）/4，表示上排纵筋为 2Φ25，且不伸入支座；下一排纵筋为 4Φ25，全部伸入支座。

梁下部纵筋注写为 2Φ25＋3Φ22（－3）/5Φ25，表示上排纵筋为 2Φ25 和 3Φ22，其中 3Φ22 不伸入支座；下一排纵筋为 5Φ25，全部伸入支座。

4）当梁的集中标注中已分别注写了梁上部和下部均为通长的纵筋值时，则不需在梁下部重复做原位标注。

5）当梁设置竖向加腋时，加腋部位下部斜纵筋应在支座下部以 Y 打头注写在括号内（图 3-9），图集中框架梁竖向加腋结构适用于加腋部位参与框架梁计算，其他情况设计者应另行给出构造。当梁设置水平加腋时，水平加腋内上、下部斜纵筋应在加腋支座上部以 Y 打头注写在括号内，上下部斜纵筋之间用"/"分隔（图 3-10）。

（3）修正内容

当在梁上集中标注的内容（即梁截面尺寸、箍筋、上部通长筋或架立筋，梁侧面纵向

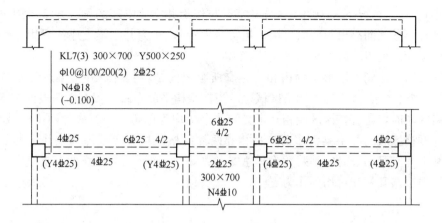

图 3-9　梁加腋平面注写方式

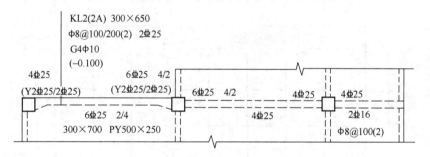

图 3-10　梁水平加腋平面注写方式

构造钢筋或受扭纵向钢筋,以及梁顶面标高高差中的某一项或几项数值)不适用于某跨或某悬挑部分时,则将其不同数值原位标注在该跨或该悬挑部位,施工时应按原位标注数值取用。

　　当在多跨梁的集中标注中已注明加腋,而该梁某跨的根部却不需要加腋时,则应在该跨原位标注等截面的 b×h,以修正集中标注中的加腋信息(图 3-9)。

　　(4)附加箍筋或吊筋

　　平法标注是将其直接画在平面图中的主梁上,用线引注总配筋值(附加箍筋的肢数注在括号内)(图 3-11)。当多数附加箍筋或吊筋相同时,可在梁平法施工图上统一注明,少数与统一注明值不同时,再原位引注。

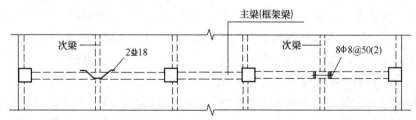

图 3-11　附加箍筋和吊筋的画法示例

3. 井字梁注写方式

井字梁通常由非框架梁构成,并以框架梁为支座(特殊情况下以专门设置的非框架大梁为支座）。在此情况下，为明确区分井字梁与作为井字梁支座的梁，井字梁用单粗虚线表示（当井字梁顶面高出板面时可用单粗实线表示），作为井字梁支座的梁用双细虚线表示（当梁顶面高出板面时可用双细实线表示）。

井字梁系指在同一矩形平面内相互正交所组成的结构构件，井字梁所分布范围称为"矩形平面网格区域"（简称"网格区域"）。当在结构平面布置中仅有由四根框架梁框起的一片网格区域时，所有在该区域相互正交的井字梁均为单跨；当有多片网格区域相连时，贯通多片网格区域的井字梁为多跨，且相邻两片网格区域分界处即为该井字梁的中间支座。对某根井字梁编号时，其跨数为其总支座数减1；在该梁的任意两个支座之间，无论有几根同类梁与其相交，均不作为支座，见图3-12。

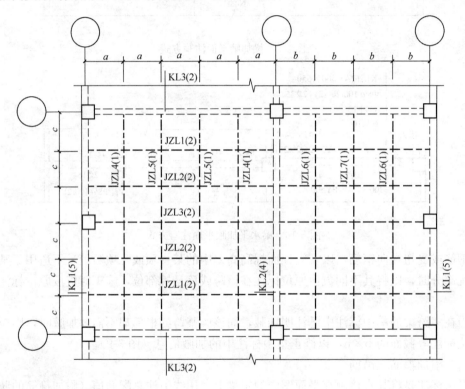

图 3-12　井字梁矩形平面网格区域

3.2.2　梁截面注写方式

截面注写方式是在分标准层绘制的梁平面布置图上，分别在不同编号的梁中各选择一根梁用剖面号引出配筋图，并在其上注写截面尺寸和配筋具体数值的方式来表达梁平法施工图。在截面注写的配筋图中可注写的内容有：梁截面尺寸、上部钢筋和下部钢筋、侧面构造钢筋或受扭钢筋、箍筋等，其表达方式与梁平面注写方式相同，如图3-13所示。

对所有梁进行编号，从相同编号的梁中选择一根梁，先将"单边截面号"画在该梁上，再将截面配筋详图画在本图或其他图上。当某梁的顶面标高与结构层的楼面标高不同时，尚应继其梁编号后注写梁顶面标高高差（注写规定与平面注写方式相同）。

在截面配筋详图上注写截面尺寸 $b \times h$、上部筋、下部筋、侧面构造筋或受扭筋以及箍筋的具体数值时，其表达形式与平面注写方式相同。

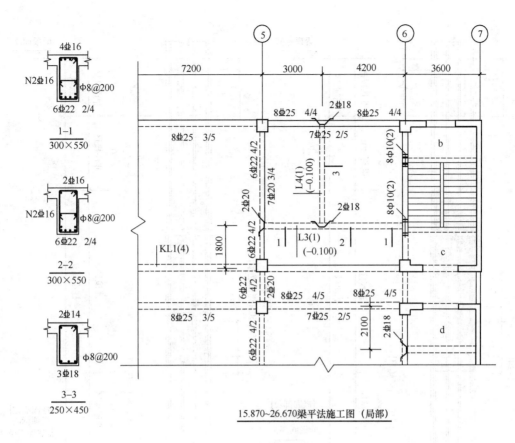

图 3-13 梁截面注写方式

截面注写方式既可以单独使用，也可与平面注写方式结合使用。

注：在梁平法施工图的平面图中，当局部区域的梁布置过密时，除了采用截面注写方式表达外，也可将加密区用虚线框出，适当放大比例后再用平面注写方式表示。当表达异形截面梁的尺寸与配筋时，用截面注写方式相对比较方便。

3.3 柱钢筋排布构造

3.3.1 抗震框架柱纵向钢筋连接构造

框架柱纵筋有三种连接方式：绑扎连接、机械连接和焊接连接。

抗震设计时，柱纵向钢筋连接接头互相错开。在同一截面内的钢筋接头面积百分率不应大于 50%。柱的纵筋直径 $d>25$mm 及偏心受压构件的柱内纵筋，不宜采用绑扎连接的连接方式。框架柱纵筋和地下框架柱纵筋在抗震设计时纵筋连接的主要构造要求如下。

1. 非连接区位置

抗震框架柱纵向钢筋的非连接区有：

嵌固部位上≥$H_n/3$ 范围内，楼面以上以下各 max（$H_n/6$，500mm，h_c）高度范围内为抗震柱非连接区，如图 3-14 所示。

2. 接头错开布置

抗震设计时，框架柱纵筋接头错开布置，搭接接头错开的距离为 $0.3l_{lE}$，采用机械连

93

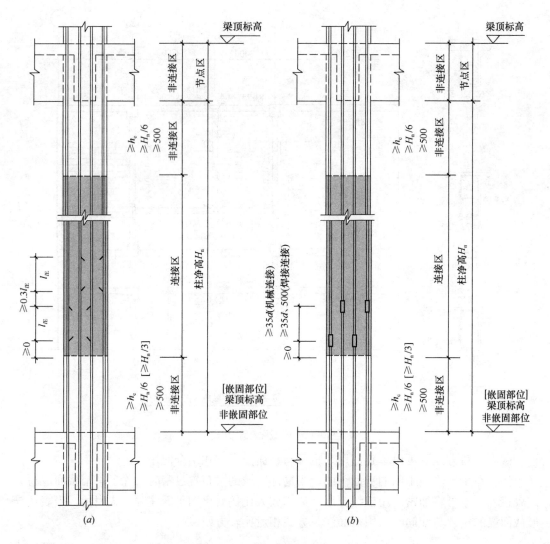

图 3-14　抗震框架柱纵向钢筋构造

(a) 绑扎搭接；(b) 机械连接、焊接连接

接接头错开距离≥35d，焊接连接接头错开距离 max（35d，500mm）。

3.3.2　非抗震框架柱纵向钢筋连接构造

当框架柱设计时无需考虑动荷载，只考虑静力荷载作用时，一般按非抗震 KZ 设计。非抗震框架柱常用的纵筋连接方式有绑扎搭接、焊接连接、机械连接三种方式，纵筋的连接要求，如图 3-15 所示。非抗震框架柱尚应满足以下构造要求：

（1）柱相邻纵向钢筋连接接头相互错开，在同一截面内的钢筋接头面积百分率不宜大于 50%。

（2）轴心受拉以及小偏心受拉柱内的纵筋，不得采用绑扎搭接接头，设计者应在平法施工图中注明其平面位置及层数。

（3）框架柱纵向钢筋直径 d>25mm 时，不宜采用绑扎搭接接头。

（4）机械连接和焊接接头的类型及质量应符合国家现行有关标准的规定。

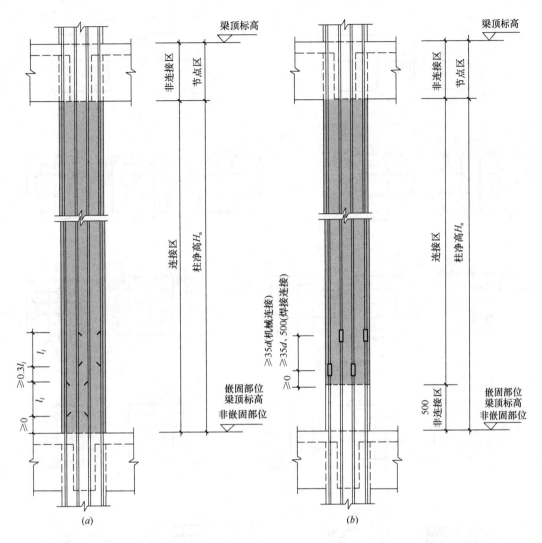

图 3-15　非抗震 KZ 纵向钢筋连接构造

（a）绑扎搭接；（b）机械连接、焊接连接

3.3.3　柱横截面复合箍筋排布构造

常见矩形箍筋复合方式如图 3-16 所示，柱横截面复合箍筋排布构造如图 3-17 所示。

下面讲述一下对构造图的理解：

（1）图中柱箍筋复合方式标注 $m×n$ 说明：m 为柱截面横向箍筋肢数；n 为柱截面竖向箍筋肢数。图中为 $m=n$ 时的柱截面箍筋排布方案；当 $m≠n$ 时，可根据图中所示排布规则确定柱截面横向、竖向箍筋的具体排布方案。

（2）柱纵向箍筋、复合箍筋排布应遵循对称均匀原则，箍筋转角处应有纵向钢筋。

（3）柱复合箍筋应采用截面周边外封闭大箍加内封闭小箍的组合方式（大箍套小箍），内部复合箍筋的相邻两肢形成一个内封闭小箍，当复合箍筋的肢数为单数时，设一个单肢箍。沿外封闭箍筋周边箍筋局部重叠不宜多于两层。

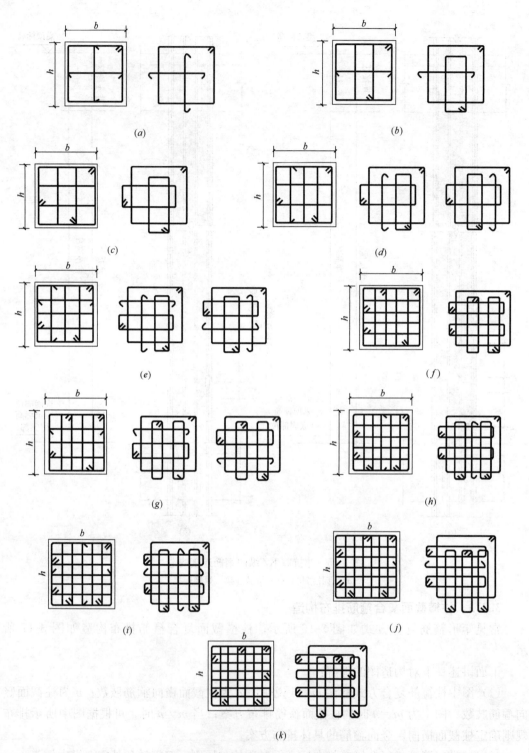

图 3-16　矩形截面柱的复合箍筋形式

(a) 箍筋肢数 3×3；(b) 箍筋肢数 4×3；(c) 箍筋肢数 4×4；(d) 箍筋肢数 5×4

(e) 箍筋肢数 5×5；(f) 箍筋肢数 6×6；(g) 箍筋肢数 6×5；(h) 箍筋肢数 7×6

(i) 箍筋肢数 7×7；(j) 箍筋肢数 8×7；(k) 箍筋肢数 8×8

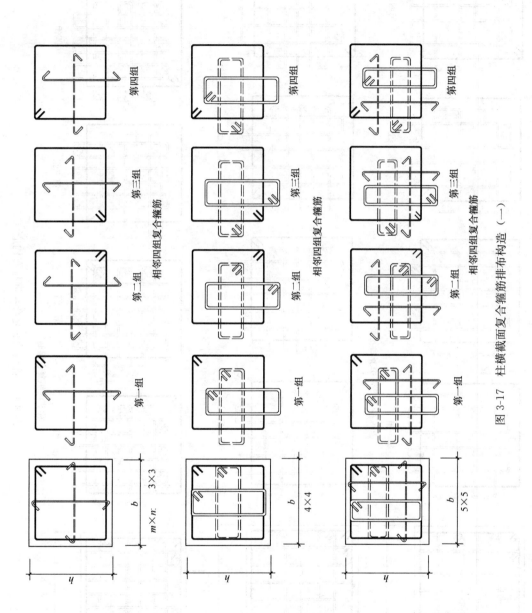

图 3-17 柱横截面复合箍筋排布构造（一）

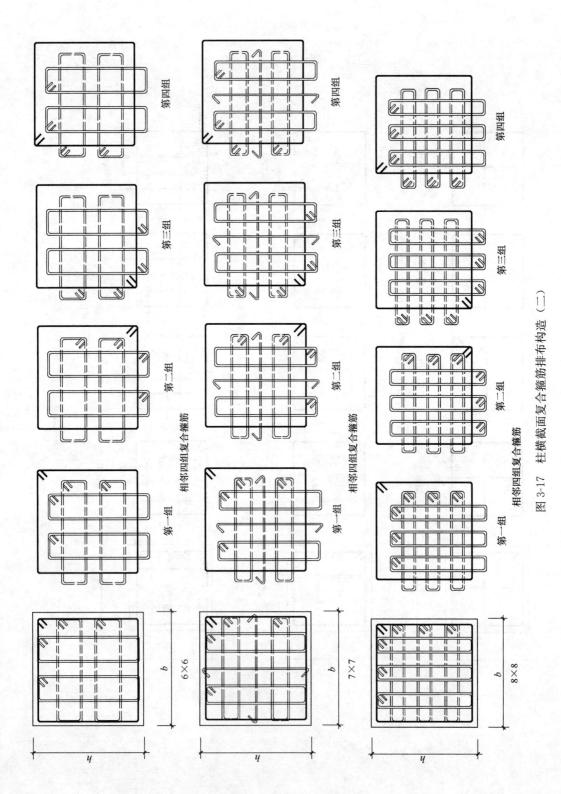

图 3-17　柱横截面复合箍筋排布构造（二）

98

（4）若在同一组内复合箍筋各肢位置不能满足对称性要求，钢筋绑扎时，沿柱竖向相邻两组箍筋位置应交错对称排布。

（5）柱横截面内部横向复合箍筋应紧靠外封闭箍筋一侧（图中为下侧）绑扎，竖向复合箍筋应紧靠外封闭箍筋另一侧（图中为上侧）绑扎。

（6）柱封闭箍筋（外封闭大箍与内封闭小箍）弯钩位置应沿柱竖向按顺时针方向（或逆时针方向）顺序排布。

（7）柱内部复合箍筋采用拉筋时，拉筋宜紧靠纵向钢筋并勾住外封闭箍筋。

（8）抗震设计时，箍筋对纵筋应满足隔一拉一的要求。

（9）框架柱箍筋加密区内的箍筋肢距：一级抗震等级，不宜大于 200mm；二、三级抗震等级，不宜大于 250mm 和 20 倍箍筋直径的较大值；四级抗震等级，不宜大于 300mm。

3.3.4 框架梁上起柱钢筋排布构造

框架梁上起柱，指一般抗震或非抗震框架梁上的少量起柱（例如：支撑层间楼梯梁的柱等），其构造不适用于结构转换层上的转换大梁起柱。

框架梁上起柱，框架梁是柱的支撑，因此，当梁宽度大于柱宽度时，柱的钢筋能比较可靠的锚固到框架梁中，当梁宽度小于柱宽时，为使柱钢筋在框架梁中锚固可靠，应在框架梁上加侧腋以提高梁对柱钢筋的锚固性能。

柱插筋伸入梁中竖直锚固长度应 $\geqslant 0.5l_{abE}(0.5l_{ab})$，水平弯折 $12d$，d 为柱插筋直径。

柱在框架梁内应设置两道柱箍筋，当柱宽度大于梁宽时，梁应设置水平加腋。抗震梁上起柱钢筋排布构造如图 3-18 所示，非抗震梁上起柱钢筋排布构造如图 3-19 所示。

【例 3-15】 梁上柱 LZ1 平面布置图如图 3-20 所示。计算梁上柱 LZ1 的纵筋及箍筋。梁上柱 LZ1 的截面尺寸和配筋信息：

LZ1　250×400　6 Φ 14　Φ 8@150　$b_1=b_2=150$　$h_1=h_2=200$

【解】

（1）梁上柱 LZ1 纵筋的计算

楼层层高＝3.60mm，LZ1 的梁顶相对标高高差＝－1.800，则 L1 的梁顶距下一层楼板顶的距离为 3600－1800＝1800mm

柱根下部的 KL3 截面高度＝650mm

LZ1 的总长度＝1800＋650＝2450mm

柱纵筋的垂直段长度＝2450－（20＋8）－（22＋20＋10）＝2370mm

（其中，20＋8 为柱的保护层厚度，20＋10 为梁的保护层厚度，22 为梁纵筋直径）

柱纵筋的弯钩长度＝12×14＝168mm

柱纵筋的每根长度＝168＋2370＋168＝2706mm

（2）梁上柱 LZ1 箍筋的计算

LZ1 的箍筋根数＝2370/150＋1＝16 根

箍筋的每根长度＝（210＋360）×2＋26×8＝1348mm

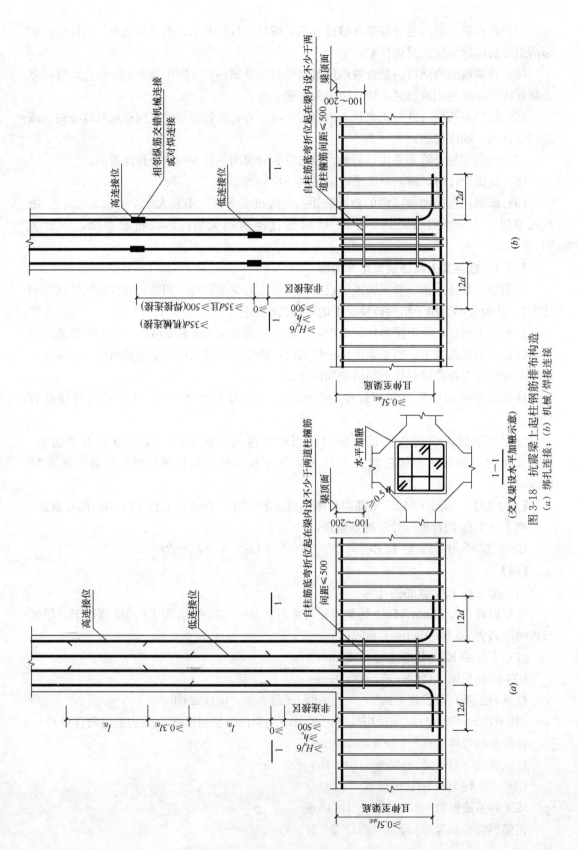

图 3-18　梁设上起柱钢筋排布构造
(交叉梁设水平加腋示意)
(a) 绑扎连接；(b) 机械/焊接连接

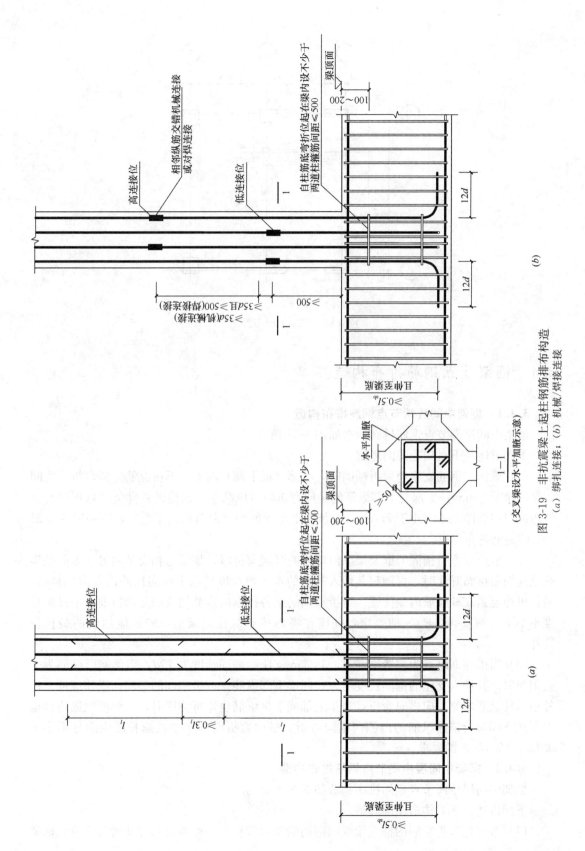

图 3-19 非抗震梁上起柱钢筋排布构造

(a) 绑扎连接；(b) 机械/焊接连接

101

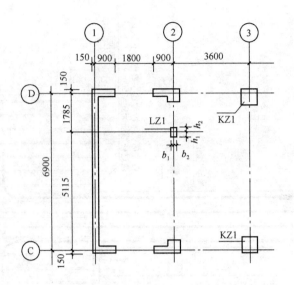

图 3-20　LZ1 平面布置图

3.4　框架节点钢筋排布构造

3.4.1　框架中间层端节点钢筋排布构造

框架中间层端节点钢筋排布构造如图 3-21 所示。

下面讲述一下对构造图的理解：

（1）梁纵向钢筋支座处弯折锚固时，上部（或下部）的上、下排纵筋竖向弯折段之间宜保持净距 25mm；上部与下部纵筋的竖向弯折段可以贴靠，纵筋最外排竖向弯折段与柱外边纵向钢筋净距不宜小于 25mm。上部与下部纵筋的竖向弯折段重叠时，宜采用图 3-21（c）的钢筋排布方案。

（2）节点处弯折锚固的框架梁纵向钢筋的竖向弯折段，如需与相交叉的另一方向框架梁纵向钢筋排布躲让时，可调整其伸入节点的水平段长度。水平段向柱外边方向调整时，最长可伸至紧靠柱箍筋内侧位置。弯折锚固的梁各排纵向钢筋均应满足弯折前水平投影长度不小于 $0.4l_{abE}$（$0.4l_{ab}$）的要求，并应在考虑排布躲让因素后，伸至能达到的最长位置处。

（3）当梁侧面纵筋为构造钢筋时，其伸入支座的锚固长度为 $15d$；当梁侧面纵筋为受扭钢筋时，其伸入支座的锚固长度与方式同梁下部纵筋。弯折锚固的梁侧面纵筋应伸至柱外边（柱纵筋内侧）向横向弯折，当梁上部或下部纵筋也弯折锚固时，梁侧面纵筋应伸至上部或下部弯折锚固纵筋的内侧向横向弯折。横向弯折前的水平投影长度应满足不小于 $0.4l_{abE}$（$0.4l_{ab}$）的要求。

3.4.2　框架中间层中间节点钢筋排布构造

框架中间层中间节点钢筋排布构造如图 3-22 所示。

下面讲述一下对构造图的理解：

（1）节点处弯折锚固的框架梁纵向钢筋的竖向弯折段，如需与相交叉的另一方向框架

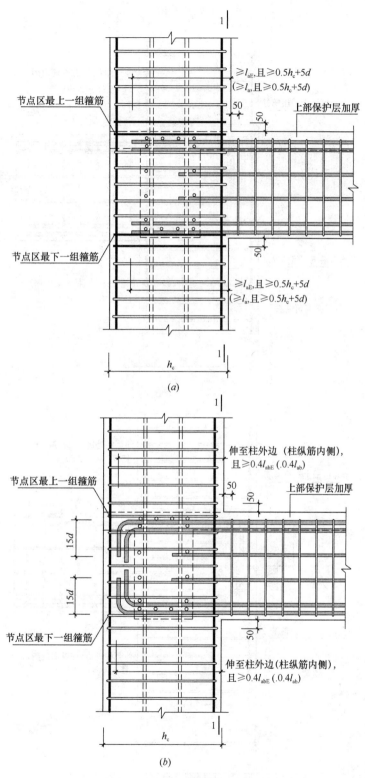

图 3-21　框架中间层端节点钢筋排布构造（一）
(a) 梁纵筋在支座处直锚；(b) 梁纵筋在支座处弯锚（弯折段未重叠）

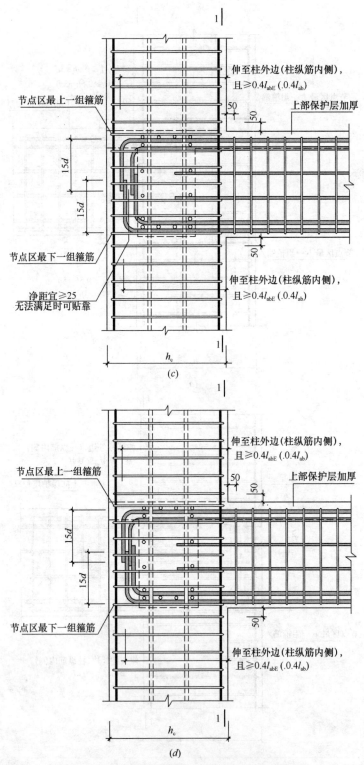

伸至柱外边(柱纵筋内侧)，
且≥0.4l_{abE} (.0.4l_{ab})

节点区最上一组箍筋

50

50

上部保护层加厚

15d

15d

50

节点区最下一组箍筋

净距宜≥25
无法满足时可贴靠

伸至柱外边(柱纵筋内侧)，
且≥0.4l_{abE} (.0.4l_{ab})

h_c

(c)

伸至柱外边(柱纵筋内侧)，
且≥0.4l_{abE} (.0.4l_{ab})

节点区最上一组箍筋

50

50

上部保护层加厚

15d

15d

50

节点区最下一组箍筋

伸至柱外边(柱纵筋内侧)，
且≥0.4l_{abE} (.0.4l_{ab})

h_c

(d)

图 3-21　框架中间层端节点钢筋排布构造（二）

(c) 梁纵筋在支座处弯锚（弯折段重叠，内外排不贴靠）；(d) 梁纵筋在支座处弯锚（弯折段重叠，内外排贴靠）

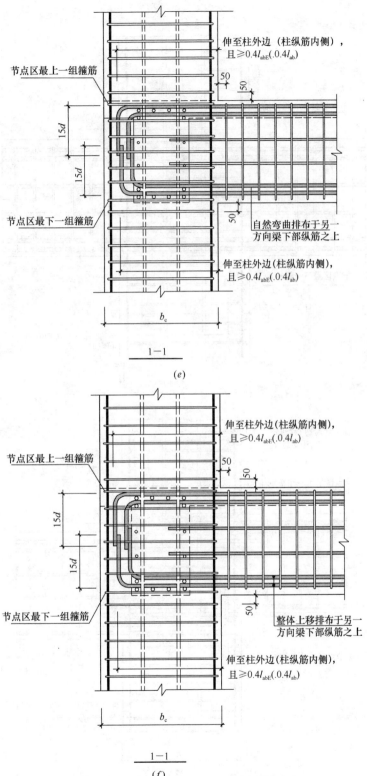

节点区最上一组箍筋

15d

15d

节点区最下一组箍筋

伸至柱外边（柱纵筋内侧），
且≥0.4l_{abE}(.0.4l_{ab})

50

50

自然弯曲排布于另一
方向梁下部纵筋之上

50

伸至柱外边(柱纵筋内侧)，
且≥0.4l_{abE}(.0.4l_{ab})

b_c

1—1

(e)

节点区最上一组箍筋

15d

15d

节点区最下一组箍筋

伸至柱外边(柱纵筋内侧)，
且≥0.4l_{abE}(.0.4l_{ab})

50

50

整体上移排布于另一
方向梁下部纵筋之上

50

伸至柱外边(柱纵筋内侧)，
且≥0.4l_{abE}(.0.4l_{ab})

b_c

1—1

(f)

图 3-21　框架中间层端节点钢筋排布构造（三）

(e) 1-1 剖面图（自然弯曲排布）；(f) 1-1 剖面图（整体上移排布）

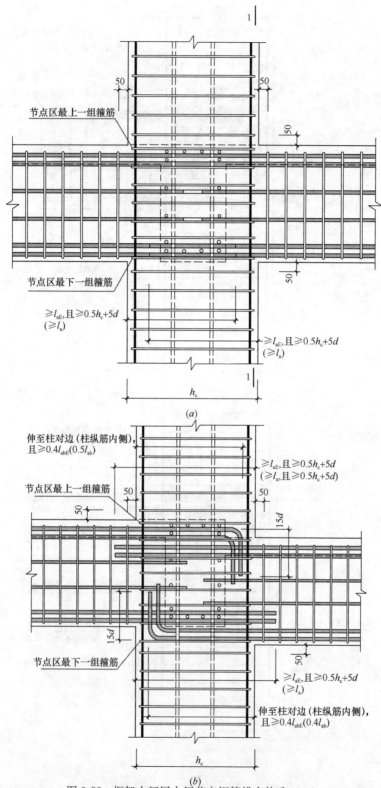

图 3-22 框架中间层中间节点钢筋排布构造 （一）

（a）节点构造；（b）节点两侧梁顶、梁底标高不同

106

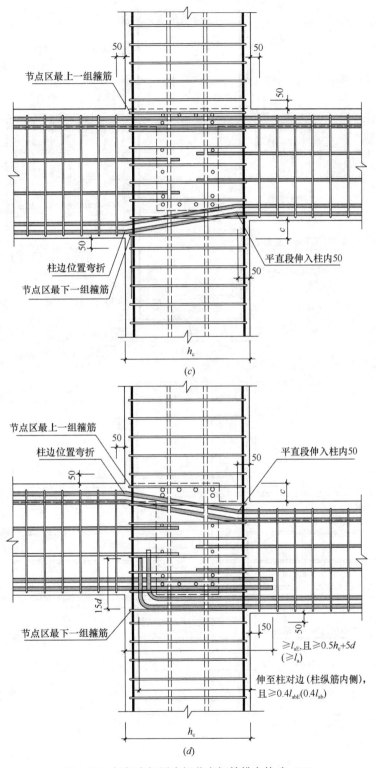

图 3-22　框架中间层中间节点钢筋排布构造（二）

（c）节点两侧梁底标高不同；（d）节点两侧梁顶、梁底标高不同

107

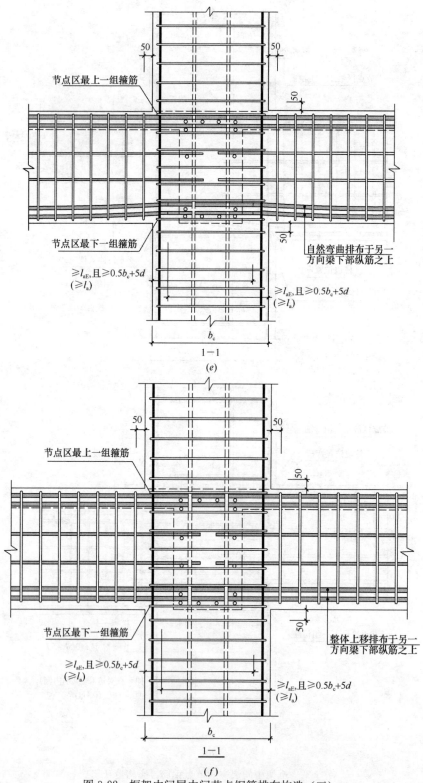

图 3-22 框架中间层中间节点钢筋排布构造（三）

(e) 1-1 剖面图（自然弯曲排布）；(f) 1-1 剖面图（整体上移排布）

108

梁纵向钢筋排布躲让时，可调整其伸入节点的水平段长度。水平段向柱外边方向调整时，最长可伸至紧靠柱箍筋内侧位置。弯折锚固的梁各排纵向钢筋均应满足弯折前水平投影长度不小于 $0.4l_{abE}$（$0.4l_{ab}$）的要求，并应在考虑排布躲让因素后，伸至能达到的最长位置处。

（2）当梁侧面纵筋为构造钢筋时，其伸入支座的锚固长度为 15d；当梁侧面纵筋为受扭钢筋时，其伸入支座的锚固长度与方式同梁下部纵筋。弯折锚固的梁侧面纵筋应伸至柱外边（柱纵筋内侧）向横向弯折，当梁上部或下部纵筋也弯折锚固时，梁侧面纵筋应伸至上部或下部弯折锚固纵筋的内侧向横向弯折。横向弯折前的水平投影长度应满足不小于 $0.4l_{abE}$（$0.4l_{ab}$）的要求。

（3）梁下部纵向钢筋可在中间节点处锚固，也可贯穿中间节点。柱纵向钢筋应贯穿中间层节点。

3.4.3 框架顶层端节点钢筋排布构造

框架顶层端节点钢筋排布构造如图 3-23 所示。

下面讲述一下对构造图的理解：

（1）当梁上部（或下部）纵向钢筋多于一排时，其他纵筋在节点内的构造要求与第一排纵筋相同。

（2）当柱内侧纵向钢筋直锚长度≥l_{aE}（l_a）时，柱纵筋伸至柱顶直锚。

（3）根据钢筋排布需要，梁下部第一排纵筋弯折段与相邻的梁上部纵筋弯折段之间净距亦可为 0。

（4）梁上部纵筋在顶层端节点角部的弯弧内直径，当钢筋直径 d≤25mm 时，不宜小于 12d；当钢筋直径 d>25mm 时，不宜小于 16d。

3.4.4 框架顶层中间节点钢筋排布构造

框架顶层中间节点钢筋排布构造如图 3-24 所示。

下面讲述一下对构造图的理解：

（1）图 3-24（a）：当截面尺寸不满足直锚长度 l_{aE}（l_a）时，柱纵筋伸至柱顶向节点内弯折。

（2）图 3-24（b）：当截面尺寸不满足直锚长度 l_{aE}（l_a），柱顶现浇板厚度≥100mm 时，柱纵筋伸至柱顶可向节点外弯折。

（3）图 3-24（c）：当截面尺寸满足直锚长度 l_{aE}（l_a）时，柱纵筋伸至柱顶直锚。

（4）图 3-24（d）：节点两侧梁底标高不同。

（5）图 3-24（e）：节点两侧梁顶标高不同。

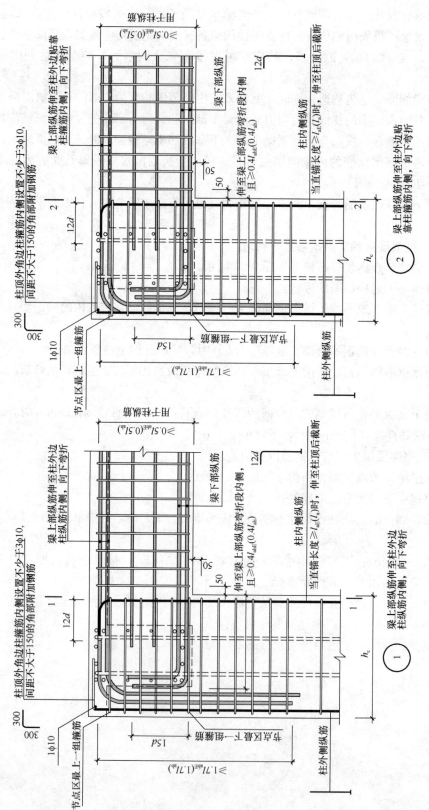

图 3-23 框架顶层端节点钢筋排布构造（一）

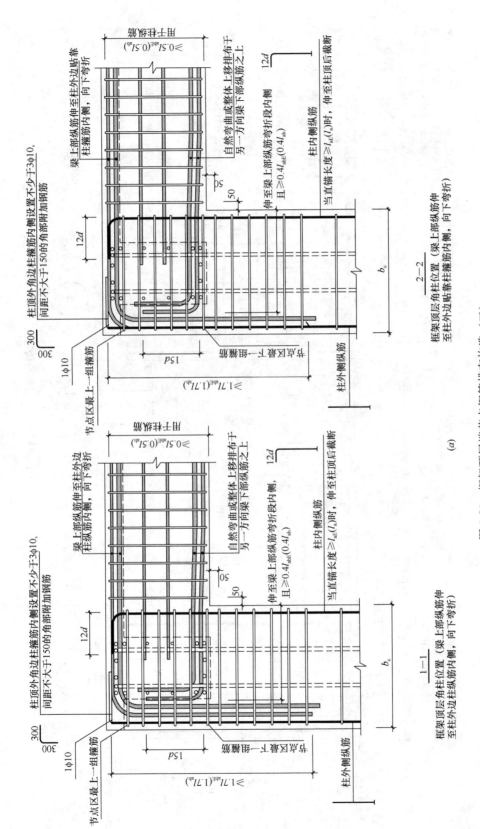

图 3-23 框架顶层端节点钢筋排布构造（二）

(a) 柱顶外侧搭接方式（梁上部纵筋配筋率≤1.2%）

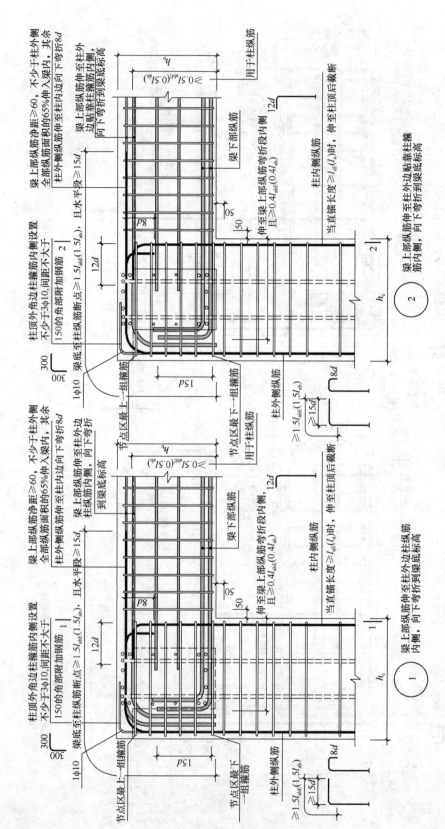

图 3-23 框架顶层端节点钢筋排布构造（三）

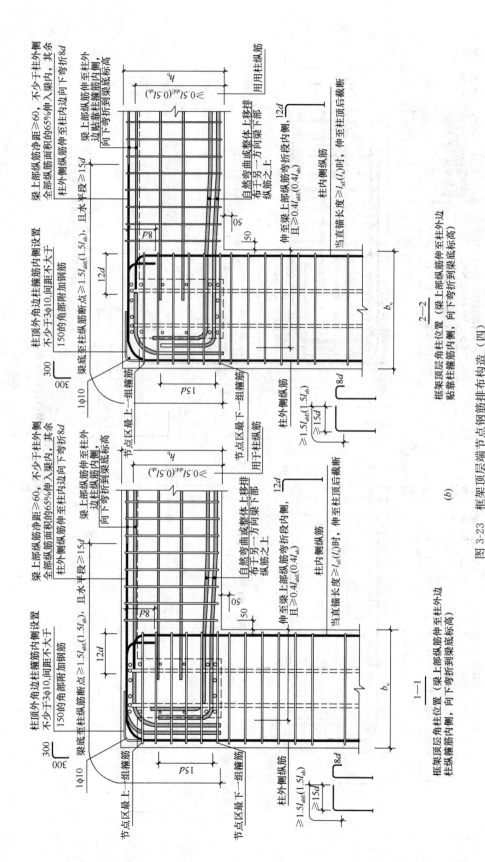

框架顶层角柱位置（梁上部纵筋伸至外柱外边柱纵箍筋内侧，向下弯折到梁底标高）

框架顶层角柱位置（梁上部纵筋伸至外柱外边贴靠柱箍筋内侧，向下弯折到梁底标高）

图 3-23 框架顶层端节点钢筋排布构造（四）

(b) 梁端及柱顶部搭接方式（柱外侧纵筋配筋率≤1.2%），梁宽范围以外的柱外侧纵筋伸至柱内边向下弯折8d

113

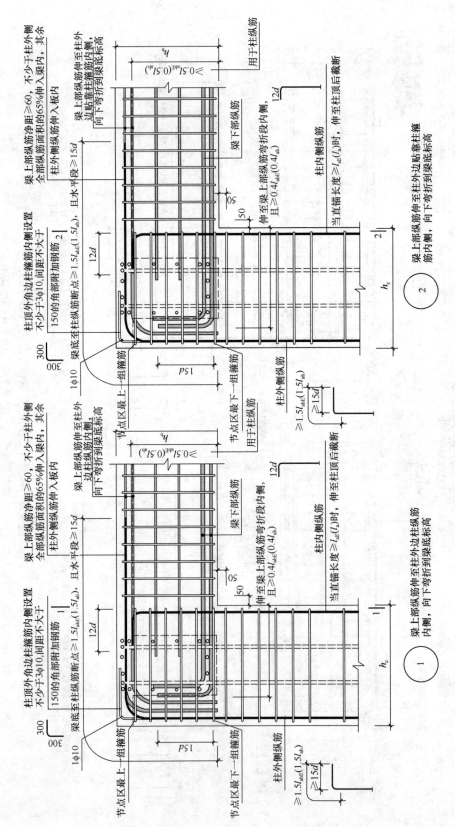

图 3-23 框架顶层端节点钢筋排布构造（五）

① 梁上部纵筋伸至柱外边柱纵筋内侧，向下弯折到梁底标高

② 梁上部纵筋伸至外边贴柱箍筋内侧，向下弯折到梁底标高

114

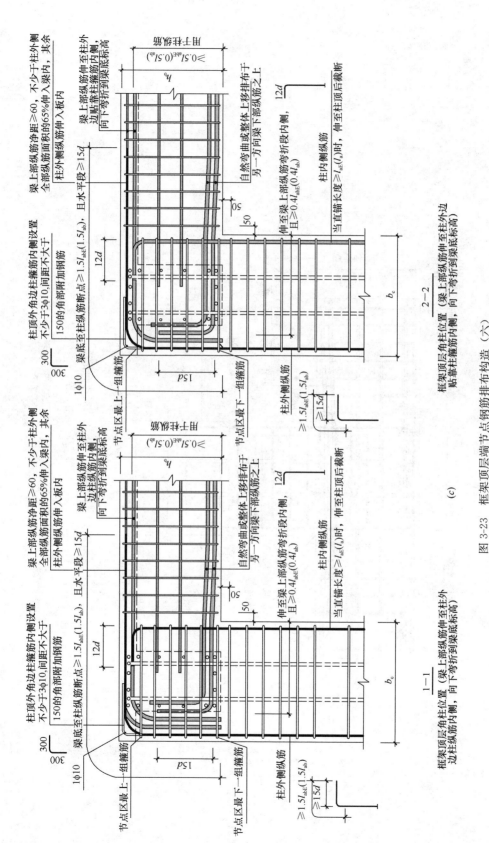

图 3-23 框架顶层端节点筋点筋布布构造 (六)

(c)

(c) 梁端及柱顶部搭接方式 (柱外侧纵筋配筋率≤1.2%), 柱顶现浇板厚度≥100mm时, 梁宽范围以外的柱外侧纵筋伸入板内

2-2 框架顶层角柱位置 (梁上部纵筋伸至柱外边贴靠柱箍筋内侧, 向下弯折到梁底标高)

1-1 框架顶层角柱位置 (梁上部纵筋伸至柱外边贴柱纵筋内侧, 向下弯折到梁底标高)

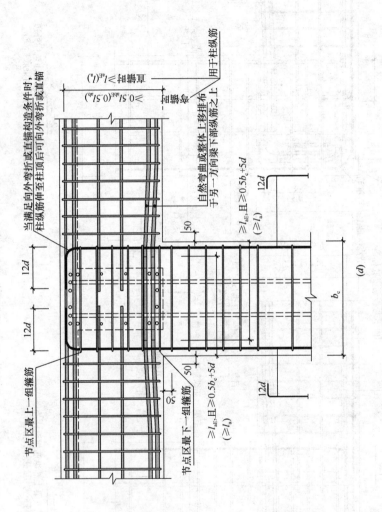

图 3-23 框架顶层端层节点钢筋排布构造（七）

(d) 框架顶层层边柱位置

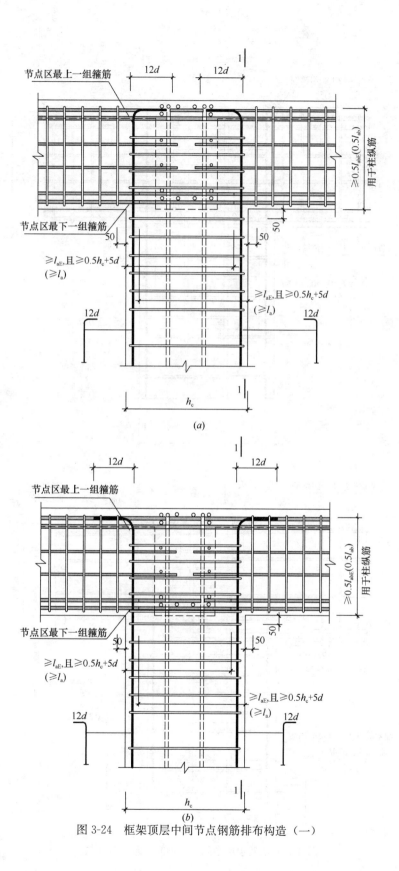

图 3-24 框架顶层中间节点钢筋排布构造（一）

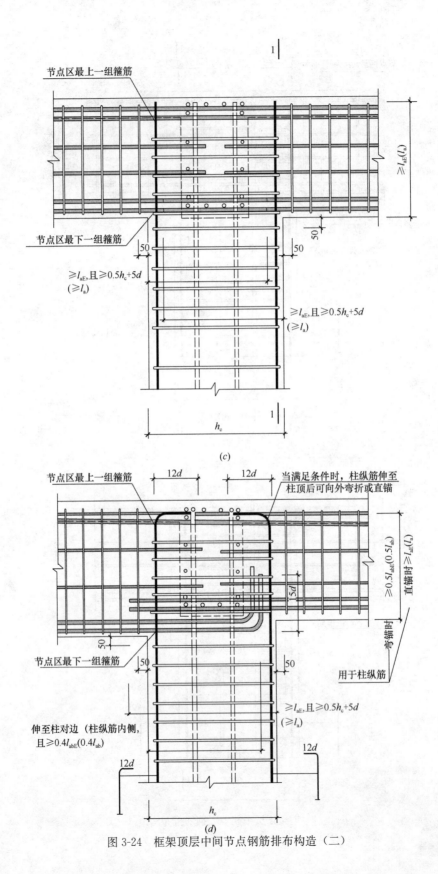

图 3-24　框架顶层中间节点钢筋排布构造（二）

118

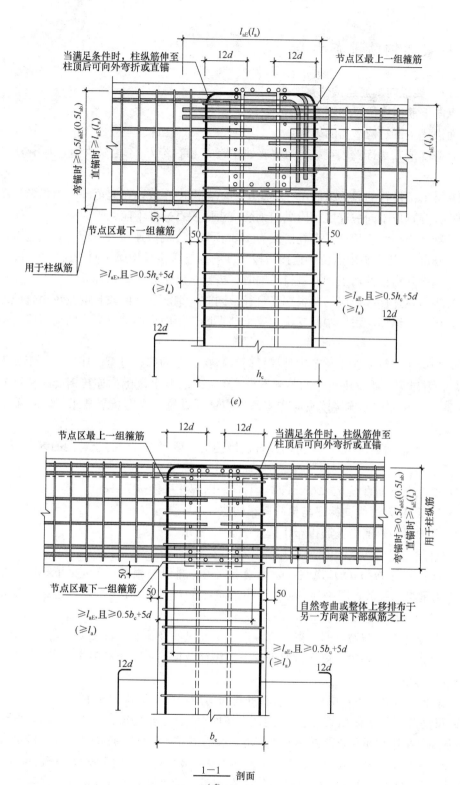

图 3-24　框架顶层中间节点钢筋排布构造（三）

119

3.5 框架梁钢筋排布构造

3.5.1 梁纵向钢筋连接位置

梁纵向钢筋连接位置如图 3-25 所示。

下面讲述一下对构造图的理解：

(1) 跨度值 l_{ni} 为净跨长度，l_n 为支座处左跨 l_{ni} 和右跨 $l_{n(i+1)}$ 之较大值，其中 $i=1$，2，3……

(2) 梁上部设置的通长纵筋可在梁跨中图示范围内连接，在此范围内相邻纵筋连接接头应相互错开，位于同一连接区段纵向钢筋接头面积百分率不应大于 50%。

(3) 钢筋连接区段长度：绑扎搭接为 $1.3l_{lE}$ (l_l)，机械连接为 $35d$，焊接连接为 $35d$ 且小于 500mm。凡接头中点位于连接区段长度内的连接接头均属于同一连接区段。

(4) 当绑扎搭接的两根钢筋直径不同时，搭接长度按较小直径计算。

(5) 当机械连接或焊接的两根钢筋直径不同时，钢筋连接区段长度按较小直径计算。

(6) 梁上部纵筋应贯穿中间支座。梁下部纵筋、侧面纵筋宜贯穿中间支座或在中间支座锚固。

(7) 当梁下部纵筋在支座范围外搭接时，搭接长度的起始点至支座边缘的距离不应小于 $1.5h_b$，且结束点距支座边缘的距离不宜大于 $l_{ni}/4$，在此范围内连接钢筋面积百分率不应大于 50%，相邻钢筋连接接头应在支座左右错开设置。当有抗震要求时，宜采用机械连接或焊接。

(8) 梁的同一根纵筋在同一跨内设置连接接头不得多于 1 个。悬臂梁的纵向钢筋不得设置连接接头。

(9) 梁纵向钢筋直径 $d>25$mm 时，不宜采用绑扎搭接接头。

3.5.2 梁横截面纵向钢筋与箍筋排布构造

梁横截面纵向钢筋与箍筋排布构造如图 3-26 所示。

下面讲述一下对构造图的理解：

(1) 图中标注 m/n (k) 说明：m 为梁上部第一排纵筋根数，n 为梁下部第一排纵筋根数，k 为梁箍筋肢数。图中为 $m \geq n$ 时的钢筋排布方案；当 $m<n$ 时，可根据排布规则将图中纵筋上下换位后应用。

(2) 当梁箍筋为双肢箍时，梁上部纵筋、下部纵筋及箍筋的排布无关联，各自独立排布。当梁箍筋为复合箍时，梁上部纵筋、下部纵筋及箍筋的排布有关联，钢筋排布应按以下规则综合考虑：

1) 梁上部纵筋、下部纵筋及复合箍筋排布时应遵循对称均匀原则。

2) 梁复合箍筋应采用截面周边外封闭大箍加内封闭小箍的组合方式（大箍套小箍）。内部复合箍筋可采用相邻两肢形成一个内封闭小箍的形式；当梁箍筋肢数≥6，相邻两肢形成的内封闭小箍水平段尺寸较小，施工中不易加工及安装绑扎时，内部复合箍筋也可采用非相邻肢形成一个内封闭小箍的形式（连环套），但沿外封闭箍筋周边箍筋重叠不宜多于三层。

3) 梁复合箍筋肢数宜为双数，当复合箍筋的肢数为单数时，设一个单肢箍。单肢箍筋宜紧靠纵向钢筋并勾住外封闭箍筋。

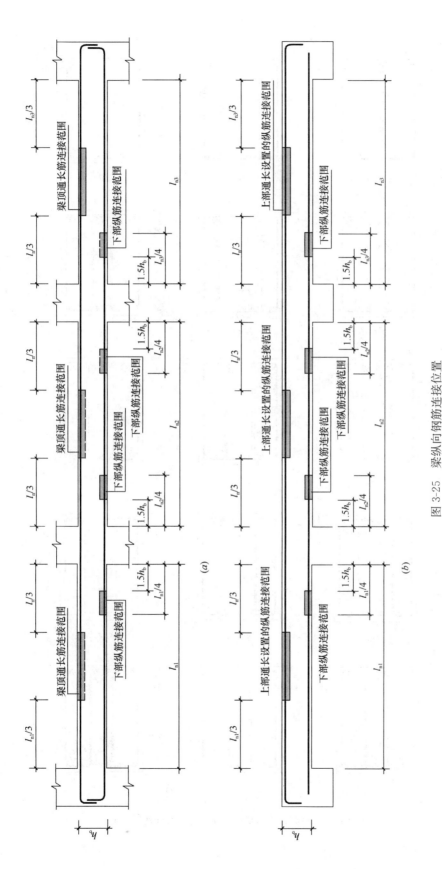

图 3-25 梁纵向钢筋连接位置

(a) 框架梁纵向钢筋连接接头允许范围；(b) 非框架梁纵向钢筋连接接头允许范围

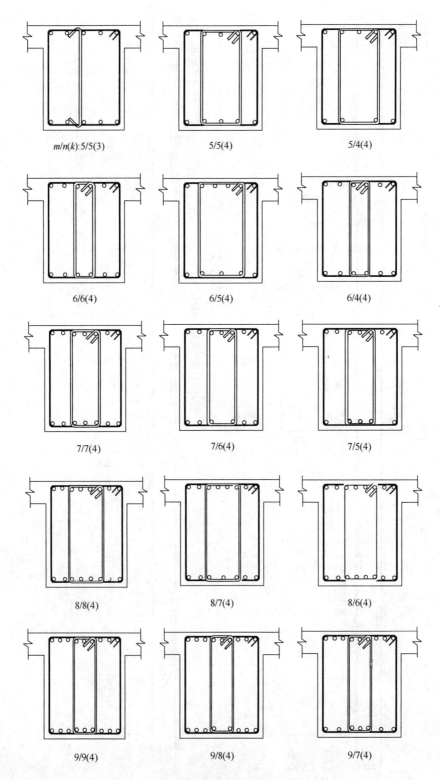

$m/n(k):5/5(3)$ 5/5(4)   5/4(4)

6/6(4)   6/5(4)   6/4(4)

7/7(4)   7/6(4)   7/5(4)

8/8(4)   8/7(4)   8/6(4)

9/9(4)   9/8(4)   9/7(4)

图 3-26　梁横截面纵向钢筋与箍筋排布构造（一）

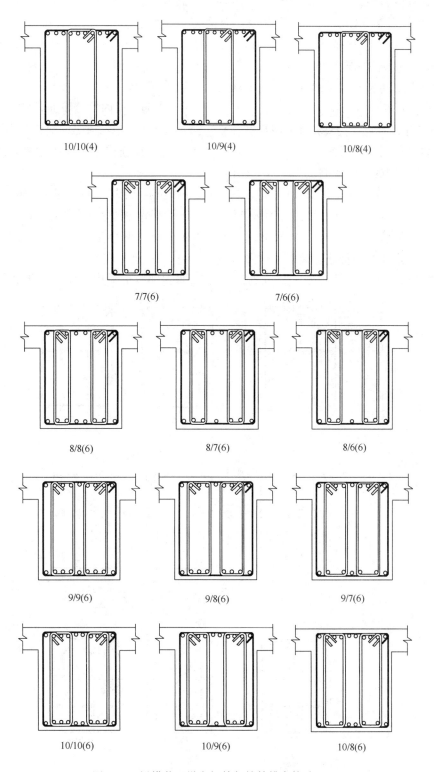

图 3-26　梁横截面纵向钢筋与箍筋排布构造（二）

4）梁箍筋转角处应有纵向钢筋，当箍筋上部转角处的纵向钢筋未能贯通全跨时，在跨中上部可设置架立筋（架立筋的直径：当梁的跨度小于 4m 时，不宜小于 8mm；当梁的跨度为 4～6m 时，不宜不小于 10mm；当梁的跨度大于 6m 时，不宜小于 12mm。架立筋与梁纵向钢筋搭接长度为 150mm）。

5）梁上部通长筋应对称设置，通长筋宜置于箍筋转角处。

6）梁同一跨内各组箍筋的复合方式应完全相同。当同一组内复合箍筋各肢位置不能满足对称性要求时，此跨内每相邻两组箍筋各肢的安装绑扎位置应沿梁纵向交错对称排布。

7）梁横截面纵向钢筋与箍筋排布时，除考虑本跨内钢筋排布关联因素外，还应综合考虑相邻跨之间的关联影响。

（3）框架梁箍筋加密区长度内的箍筋肢距：一级抗震等级，不宜大于 200mm 和 20 倍箍筋直径的较大值；二、三级抗震等级，不宜大于 250mm 和 20 倍箍筋直径的较大值；各抗震等级，不宜大于 300mm。框架梁非加密区内的箍筋肢距不宜大于 300mm。

3.5.3 梁横截面箍筋安装绑扎位置

相邻肢形成内封闭箍筋形式如图 3-27 所示。非相邻肢形成内封闭箍筋形式如图 3-28

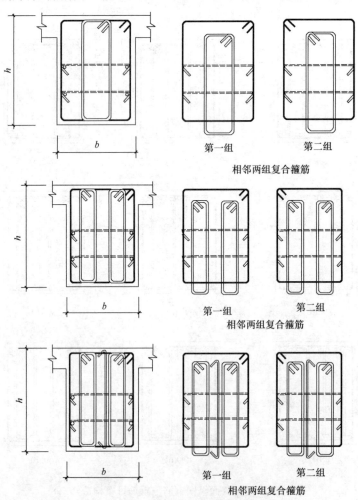

图 3-27 相邻肢形成内封闭箍筋形式

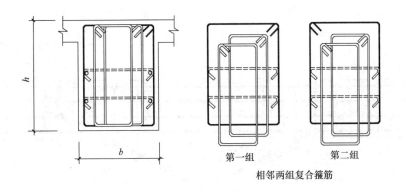

图 3-28 非相邻肢形成内封闭箍筋形式

所示。

下面讲述一下对构造图的理解：

（1）内部复合箍筋应紧靠外封闭箍筋一侧绑扎。当有水平拉筋时，拉筋在外封闭箍筋的另一侧绑扎。

（2）封闭箍筋弯钩位置：当梁顶部有现浇板时，弯钩位置设置在梁顶；当梁底部有现浇板时，弯钩位置设置在梁底；当梁顶部或底部均无现浇板时，弯钩位置设置于梁顶部。相邻两组复合箍筋平面及弯钩位置沿梁纵向对称排布。

（3）框架梁箍筋加密区长度内的箍筋肢距：一级抗震等级，不宜大于200mm和20倍箍筋直径的较大值；二、三级抗震等级，不宜大于250mm和20倍箍筋直径的较大值；各抗震等级，不宜大于300mm。框架梁非加密区内的箍筋肢距不宜大于300mm。

3.5.4 框架梁水平加腋钢筋排布构造

框架梁水平加腋构造如图3-29所示，钢筋排布构造如图3-30所示。

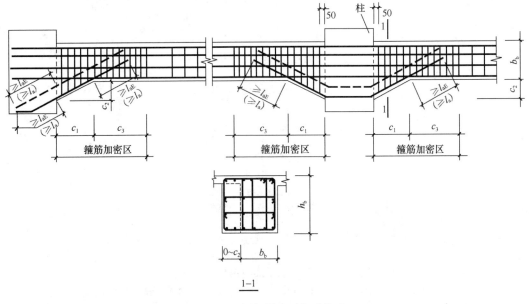

图 3-29 框架梁水平加腋构造

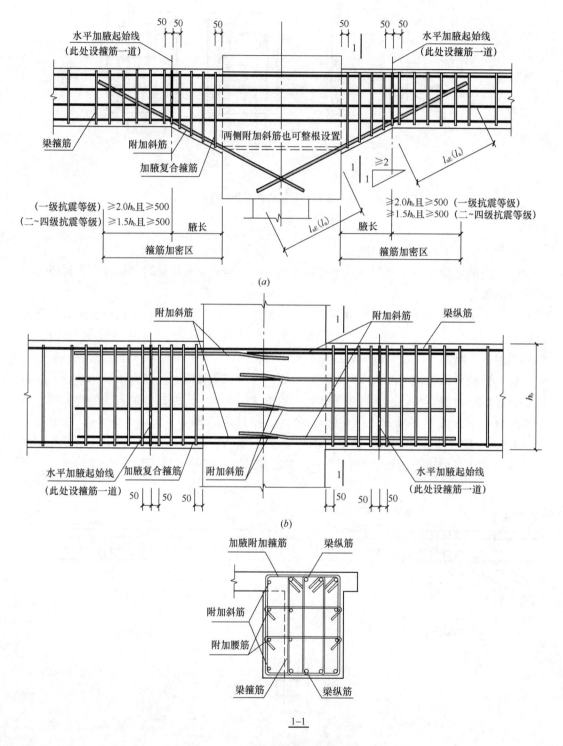

图 3-30　框架梁水平加腋钢筋排布构造

（a）梁水平加腋钢筋平面排布构造图；（b）梁水平加腋钢筋立面排布构造图

下面讲述一下对构造图的理解：

（1）框架结构的梁、柱中心线宜重合。当由于各种原因不能重合时，其偏心距宜不大于柱宽的 1/4，当偏心距超过柱宽的 1/4 时，宜在梁支座处设置水平加腋。加腋形态、配筋构造应与设计方结合并以设计要求为准。

（2）水平加腋梁，在腋长范围内的箍筋由加腋附加箍筋和梁箍筋复合组成。箍筋加密区范围箍筋的肢数、肢距以设计为准。

（3）附加斜筋直锚受限时可在柱纵筋内侧顺势弯折锚固，锚固长度不变。柱子两侧对应交叉的附加斜筋也可合并成整根配置。附加斜筋配置要求以设计为准。

（4）彼此交叉的附加斜筋，交叉之前应设置在同一水平面，交叉时，一侧斜筋顺势置于另一侧斜筋之下或之上。

3.5.5 框架梁竖向加腋钢筋排布构造

框架梁竖向加腋构造如图 3-31 所示，钢筋排布构造如图 3-32 所示。

框架梁竖向加腋构造适用于加腋部分，参与框架梁计算，配筋由设计标注。

3.5.6 宽扁梁中柱节点处钢筋排布构造

宽扁梁中柱节点处钢筋排布构造如图 3-33 所示。

下面讲述一下对构造图的理解：

（1）柱支座宽扁梁交叉节点处，若各方向宽扁梁标高和梁高相同且重要性同等，一方向梁的上部和下部纵筋均宜设置在另一方向梁的上部和下部纵筋之上；若各方向宽扁梁重要性不同等，较重要宽扁梁的上部和下部纵筋宜分别置于上 1 排和下 1 排。

宽扁梁在支座内的下 2 排纵筋在跨内宜尽可能置于下 1 排，到支座处再弯折躲让到下 2 排。

宽扁梁纵筋与柱子纵筋交叉时应对称躲让。

各宽扁梁重要性的确定、宽扁梁的配筋和构造要求以设计为准。

实际工程中若设计方对宽扁梁的钢筋有具体的排布方案，应以设计方案为准。

（2）贯通和锚入柱子范围内的宽扁梁上部纵向钢筋总面积宜大于该梁上部全部钢筋截面积的 60%。

（3）柱支座宽扁梁交叉节点处，第一道箍筋距柱边 50mm。

（4）宽扁梁交叉部位的次要梁箍筋，可采用正反 U 形箍筋对扣搭接，搭接长度不小于 l_{aE}（l_a）。

3.5.7 宽扁梁边柱节点处钢筋排布构造

宽扁梁边柱节点处钢筋排布构造如图 3-34 所示。

下面讲述一下对构造图的理解：

（1）若边框梁与宽扁梁顶面标高相同，宜将宽扁梁上部纵筋置于边框梁上部纵筋之上并由设计方确认；若边框梁上部纵筋不允许降低，应由设计方制定有效方案，确保宽扁梁有效高度 h_0 不被削弱才可将宽扁梁的上部纵筋置于边框梁上部纵筋之下。

若边框梁底面与宽扁梁底面齐平，宽扁梁的底面纵筋顺势置于边框梁底面纵筋之上。

（2）锚入柱子范围内的宽扁梁上部纵向钢筋宜大于该梁上部全部纵向钢筋截面积的 60%。

（3）宽扁梁纵筋与柱子纵筋交叉时应对称躲让。

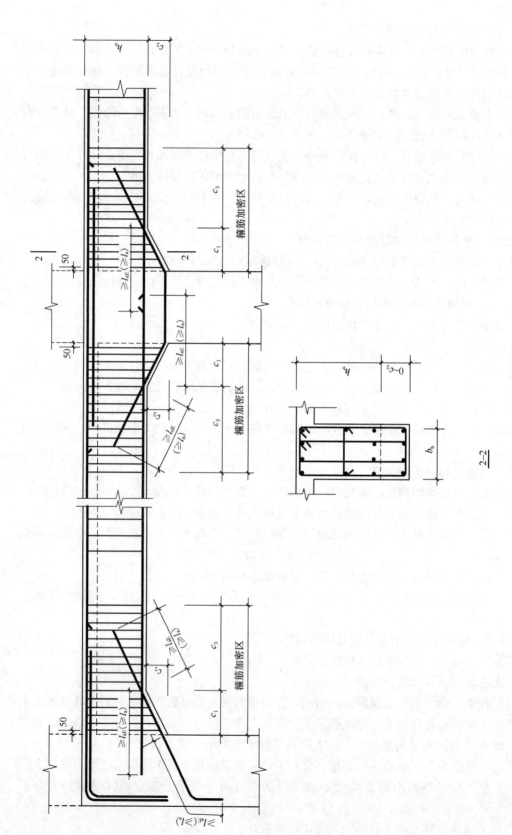

图 3-31 框架梁竖向加腋构造

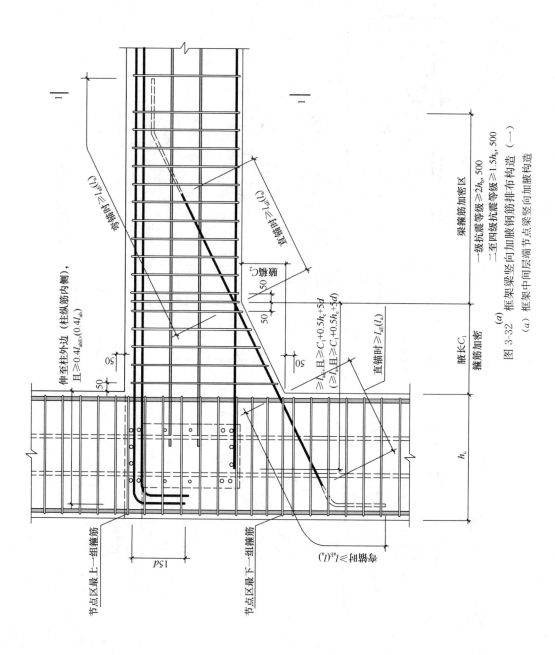

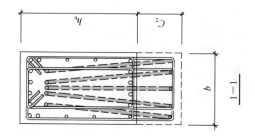

图 3-32 框架梁竖向加腋钢筋排布构造（一）

(a) 框架中间层端节点梁竖向加腋构造

梁箍筋加密区
一级抗震等级≥2h_b, 500
二至四级抗震等级≥1.5h_b, 500

腋长 C_1 箍筋加密

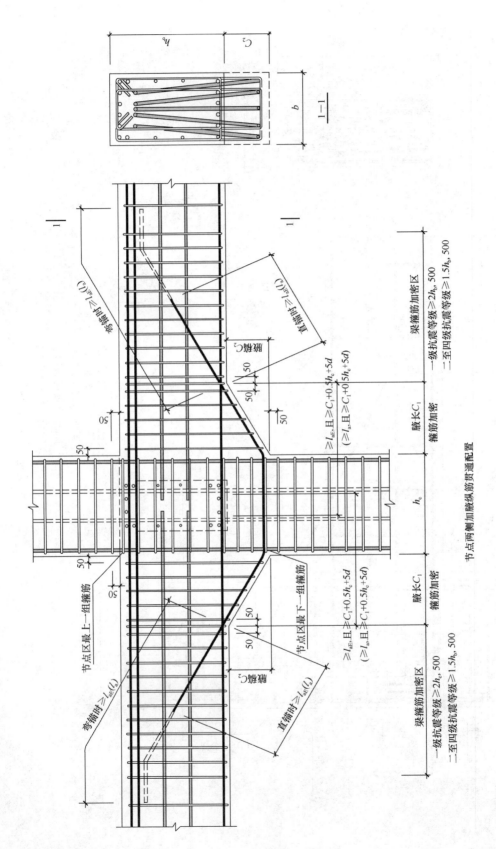

图 3-32 框架梁竖向加腋钢筋排布构造（二）

130

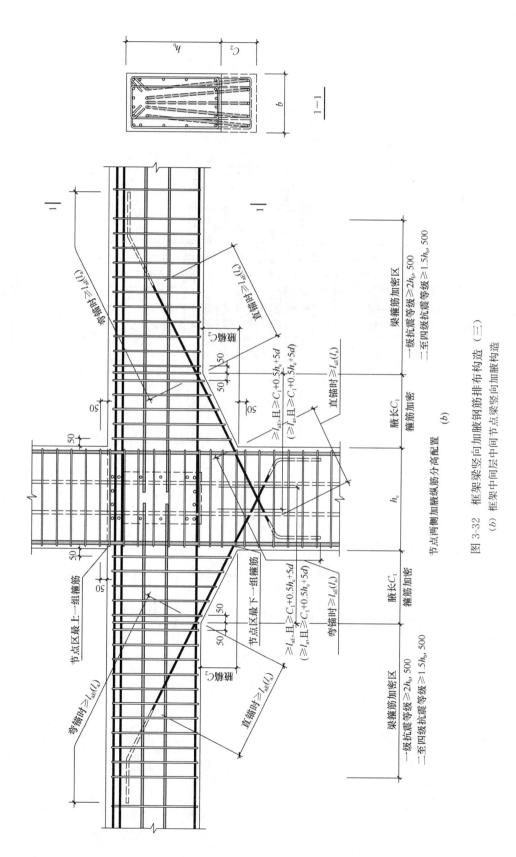

图 3-32 框架梁竖向加腋钢筋排布构造（三）

（b）框架中间层中间节点竖向加腋构造

131

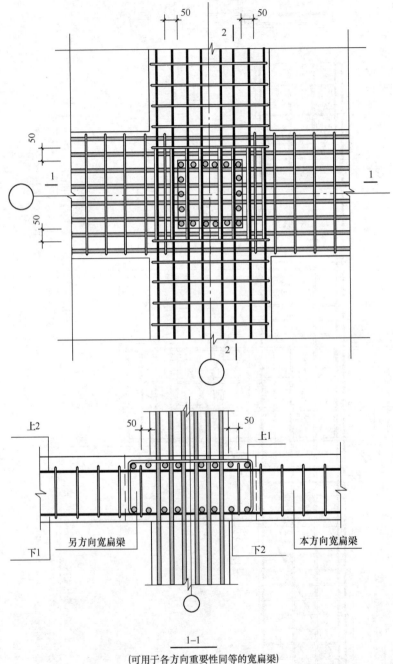

1–1

(可用于各方向重要性同等的宽扁梁)

图 3-33 宽扁梁中柱节点处钢筋排布构造（一）

132

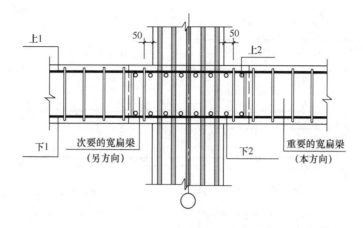

上1

50   50

上2

次要的宽扁梁
（另方向）

下1

下2

重要的宽扁梁
（本方向）

2—2
（可用于各方向重要性不同的宽扁梁）

图 3-33　宽扁梁中柱节点处钢筋排布构造（二）

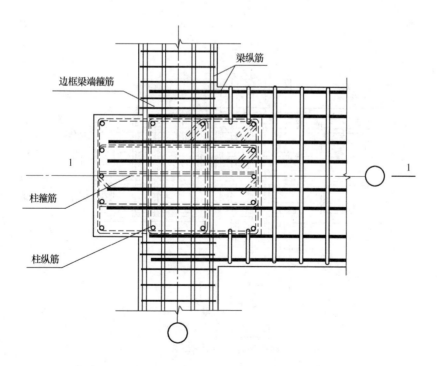

梁纵筋

边框梁端箍筋

1

1

柱箍筋

柱纵筋

图 3-34　宽扁梁边柱节点处钢筋排布构造（一）

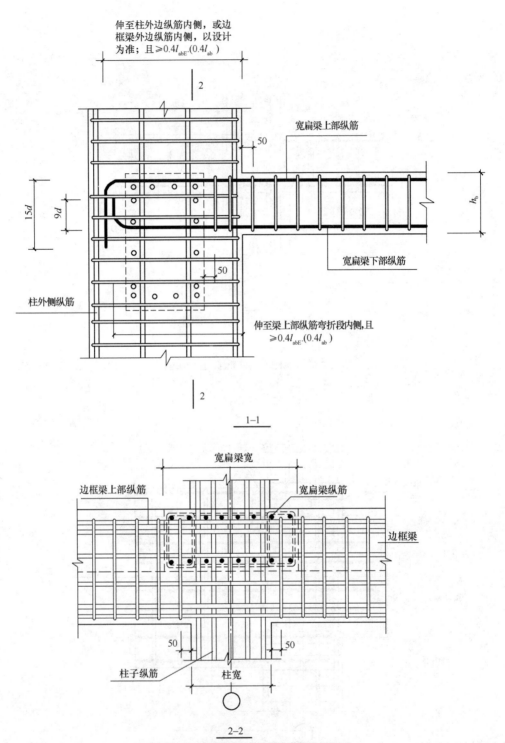

伸至柱外边纵筋内侧，或边
框梁外边纵筋内侧，以设计
为准；且≥$0.4l_{abE}$:($0.4l_{ab}$)

宽扁梁上部纵筋

宽扁梁下部纵筋

柱外侧纵筋

伸至梁上部纵筋弯折段内侧,且
≥$0.4l_{abE}$:($0.4l_{ab}$)

1–1

宽扁梁宽

边框梁上部纵筋

宽扁梁纵筋

边框梁

柱子纵筋

柱宽

2–2

图 3-34 宽扁梁边柱节点处钢筋排布构造（二）

（4）宽扁梁在边框架梁前柱子范围的箍筋，可采用正反 U 形箍筋对扣搭接，搭接长度不小于 l_{aE}（l_a）。

（5）宽扁梁的配筋和构造要求、节点做法以设计为准。

134

（6）实际工程中若设计方对宽扁梁的钢筋有具体的排布构造方案，以设计方案为准。

3.5.8　框架竖向折梁钢筋排布构造

竖向折梁钢筋构造如图 3-35 所示，钢筋排布构造如图 3-36 所示。

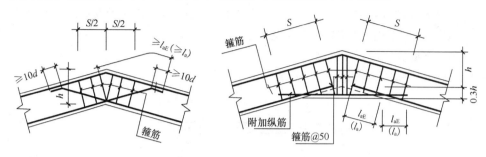

图 3-35　竖向折梁钢筋构造

下面讲述一下对构造图的理解：

（1）当梁的内折角处于受拉区时，应增设箍筋。该箍筋应能承受未在受压区锚固的纵

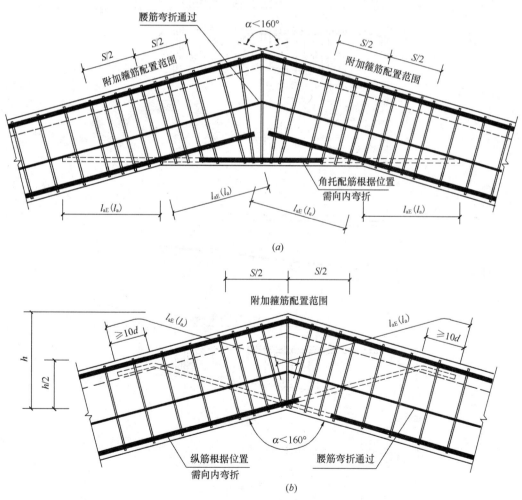

(a)

(b)

图 3-36　框架竖向折梁钢筋排布构造

（a）角托方式配筋；（b）分段锚固

向受拉钢筋的合力，且在任何情况下不应小于全部纵向受拉钢筋合力的35%。由箍筋承受的纵向受拉钢筋的合力详见具体结构设计。

（2）按上述条件求得的箍筋，应设置在长度S的范围内，数值详见具体结构设计。

（3）当梁的内折角$\alpha<160°$时，可采用在内折角处增加角托的配筋形式，具体做法见图3-36（a）。也可采用图3-36（b）的配筋形式。

3.5.9 悬挑梁钢筋排布构造

悬挑梁钢筋排布构造如图3-37所示。

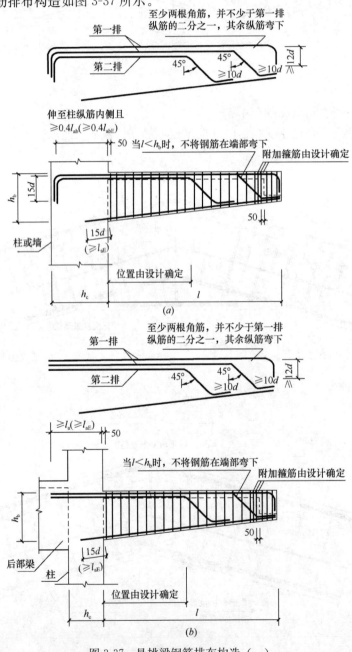

图 3-37　悬挑梁钢筋排布构造（一）

（a）悬挑梁钢筋直接锚固到柱或墙；（b）悬挑梁钢筋直接锚固在后部梁中

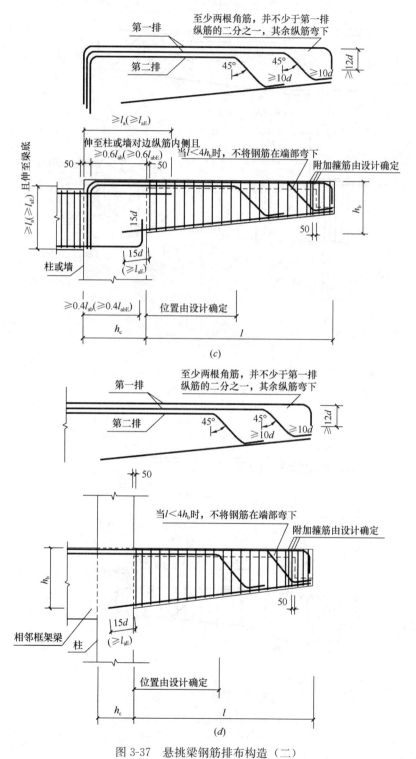

图 3-37 悬挑梁钢筋排布构造 (二)

(c) 屋面悬挑梁钢筋直接锚固到柱或墙；(d) 悬挑梁顶面与相邻框架梁顶面平且采用框架梁钢筋

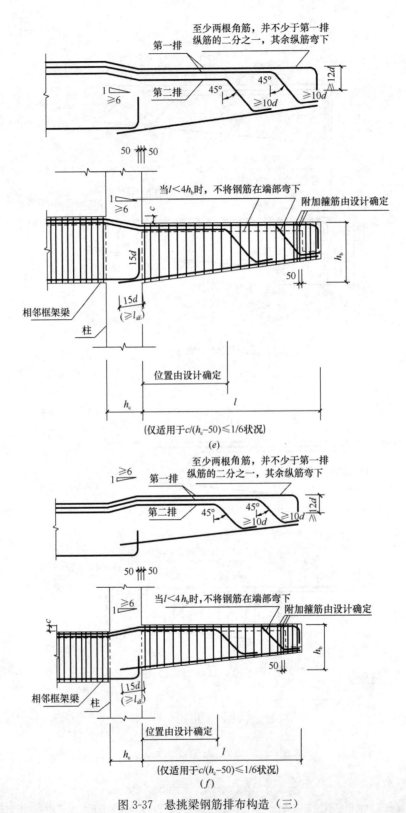

图 3-37　悬挑梁钢筋排布构造（三）

(e)悬挑梁顶面低于相邻框架梁顶面且钢筋采用框架梁钢筋；(f)悬挑梁顶面高于相邻框架梁顶面且钢筋采用框架梁钢筋

下面讲述一下对构造图的理解：

（1）当梁上部设有第三排钢筋时，其延伸长度应由设计者注明。

（2）抗震设防烈度为9度，$l \geqslant 1.5$m；抗震设防烈度为8度，$l \geqslant 2.0$m；或抗震设防烈度为7度（0.15g）时应注意竖向地震对悬挑梁的作用。悬挑梁下部纵筋锚固具体是否采用 l_{aE}，由设计确定。

（3）悬挑梁纵筋弯折构造和端部附加箍筋构造要求由设计确定。

3.5.10 井字梁结构钢筋排布构造

井字梁结构钢筋排布构造，如图3-38所示。

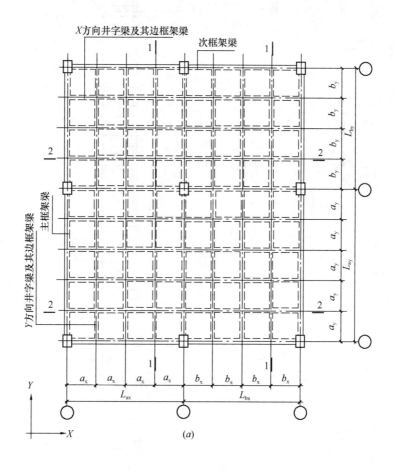

图3-38 井字梁JZL配筋构造（一）

（a）井字梁及其边框架梁结构平面布置图

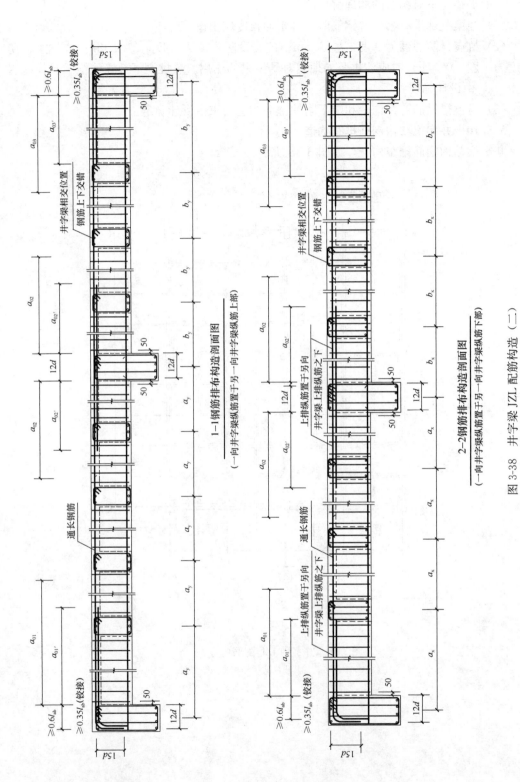

1-1 钢筋排布构造剖面图

(一向井字梁纵筋置于另一向井字梁纵筋上部)

2-2 钢筋排布构造剖面图

(一向井字梁纵筋置于另一向井字梁纵筋下部)

图 3-38 井字梁 JZL 配筋构造 (二)

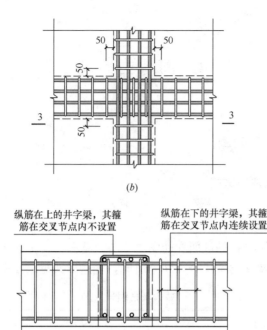

图 3-38 井字梁 JZL 配筋构造（三）

（b）井字梁交叉节点钢筋排布构造图

下面讲述一下对构造图的理解：

（1）若井字梁及其边框架梁梁顶标高相同，应整体规划各梁钢筋的排布。通常较长跨框架梁为主框架梁。排布时主框架梁和同方向井字梁的上部纵筋均置于另方向次框架梁或井字梁上部同层纵筋之上；并且主框架梁方向的井字梁下部纵筋均置于另方向井字梁下部各同层纵筋之上。若各方向跨度相等且边框架梁不分主次，可结合现场实际假设主框架梁和次框架梁方向，然后按照前述主、次边框架梁方式排布各自方向边框梁或井字梁的纵筋。

（2）上部纵筋锚入端支座的水平段长度：当设计按铰接时，长度$\geqslant 0.35 l_{ab}$；当充分利用钢筋的抗拉强度时，长度$\geqslant 0.6 l_{ab}$，弯锚 $15d$。

（3）下部纵筋在端支座直锚 $12d$，在中间支座直锚 $12d$。

（4）从距支座边缘 50mm 处开始布置第一个箍筋。

（5）纵筋在下的交叉井字梁，其箍筋在交叉节点内连续设置；纵筋在上的交叉井字梁，其箍筋在交叉节点内不设置。

4 剪 力 墙

4.1 剪力墙的平法识图

4.1.1 剪力墙列表注写方式

1. 剪力墙柱表

剪力墙柱表包括内容如下。

(1) 墙柱编号和绘制墙柱的截面配筋图

剪力墙柱编号,由墙柱类型代号和序号组成,表达形式见表 4-1。

剪力墙柱编号   表 4-1

墙柱类型	编号	序号
约束边缘构件	YBZ	××
构造边缘构件	GBZ	××
非边缘暗柱	AZ	××
扶壁柱	FBZ	××

注：1. 约束边缘构件包括约束边缘暗柱、约束边缘端柱、约束边缘翼墙、约束边缘转角墙四种（图 4-1）。

    2. 构造边缘构件包括构造边缘暗柱、构造边缘端柱、构造边缘翼墙、构造边缘转角墙四种（图 4-2）。

1）约束边缘构件（图 4-1），需注明阴影部分尺寸。

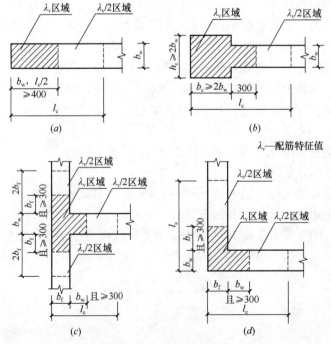

图 4-1 约束边缘构件

（a）约束边缘暗柱；（b）约束边缘端柱；（c）约束边缘翼墙；（d）约束边缘转角墙

剪力墙平面布置图中应注明约束边缘构件沿墙肢长度 l_c（约束边缘翼墙中沿墙肢长度尺寸为 $2b_f$ 时可不注）。

2）构造边缘构件（图 4-2），需注明阴影部分尺寸。

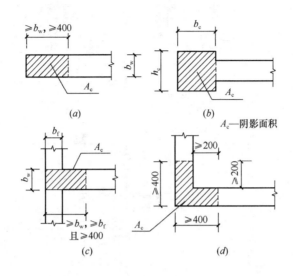

图 4-2　构造边缘构件

（a）构造边缘暗柱；（b）构造边缘端柱；（c）构造边缘翼墙；（d）构造边缘转角墙

3）扶壁柱及非边缘暗柱需标注几何尺寸。

（2）各段墙柱的起止标高

注写各段墙柱的起止标高，自墙柱根部往上以变截面位置或截面未变但配筋改变处为界分段注写。墙柱根部标高系指基础顶面标高（部分框支剪力墙结构则为框支梁顶面标高）。

（3）各段墙柱的纵向钢筋和箍筋

注写各段墙柱的纵向钢筋和箍筋，注写值应与在表中绘制的截面配筋图对应一致。纵向钢筋注总配筋值；墙柱箍筋的注写方式与柱箍筋相同。

约束边缘构件除注写阴影部位的箍筋外，尚需在剪力墙平面布置图中注写非阴影区内布置的拉筋（或箍筋）。

设计施工时应注意：

1）当约束边缘构件体积配箍率计算中计入墙身水平分布钢筋时，设计者应注明。此时还应注明墙身水平分布钢筋在阴影区域内设置的拉筋。施工时，墙身水平分布钢筋应注意采用相应的构造做法。

2）当非阴影区外圈设置箍筋时，设计者应注明箍筋的具体数值及其余拉筋。施工时，箍筋应包住阴影区内第二列竖向纵筋。当设计采用与本构造详图不同的做法时，应另行注明。

剪力墙柱表注写示例，如图 4-3 所示。

2. 剪力墙身表

剪力墙身表包括内容如下。

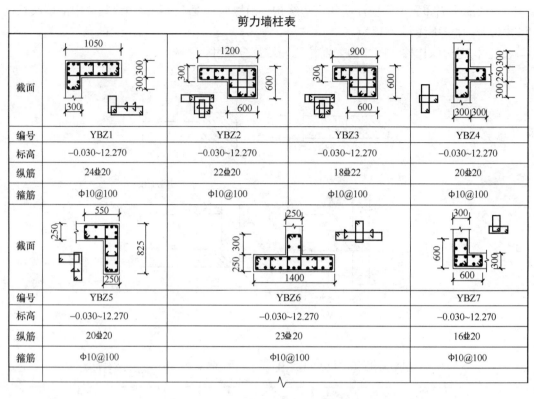

剪力墙柱表

截面				
编号	YBZ1	YBZ2	YBZ3	YBZ4
标高	−0.030~12.270	−0.030~12.270	−0.030~12.270	−0.030~12.270
纵筋	24Φ20	22Φ20	18Φ22	20Φ20
箍筋	Φ10@100	Φ10@100	Φ10@100	Φ10@100
截面				
编号	YBZ5	YBZ6		YBZ7
标高	−0.030~12.270	−0.030~12.270		−0.030~12.270
纵筋	20Φ20	23Φ20		16Φ20
箍筋	Φ10@100	Φ10@100		Φ10@100

图 4-3　剪力墙柱表注写示例

（1）墙身编号

剪力墙身编号，由墙身代号、序号以及墙身所配置的水平与竖向分布钢筋的排数组成，其中，排数注写在括号内。表达形式见表 4-2。

剪力墙身编号　　　　　　　　　　　　　　　　　　表 4-2

类型	代号	序号	说明
剪力墙身	Q（××）	××	为剪力墙除去边缘构件的墙身部分，表示剪力墙配置钢筋网的排数

在编号中：如若干墙柱的截面尺寸与配筋均相同，仅截面与轴线的关系不同时，可将其编为同一墙柱号；又如若干墙身的厚度尺寸和配筋均相同，仅墙厚与轴线的关系不同或墙身长度不同时，也可将其编为同一墙身号，但应在图中注明与轴线的几何关系。

当墙身所设置的水平与竖向分布钢筋的排数为 2 时可不注。

对于分布钢筋网的排数规定：非抗震：当剪力墙厚度大于 160 时，应配置双排；当其厚度不大于 160 时，宜配置双排。抗震：当剪力墙厚度不大于 400 时，应配置双排；当剪力墙厚度大于 400，但不大于 700 时，宜配置三排；当剪力墙厚度大于 700 时，宜配置四排。

各排水平分布钢筋和竖向分布钢筋的直径与间距宜保持一致。

当剪力墙配置的分布钢筋多于两排时，剪力墙拉筋两端应同时勾住外排水平纵筋和竖向纵筋，还应与剪力墙内排水平纵筋和竖向纵筋绑扎在一起。

144

（2）各段墙身起止标高

注写各段墙身起止标高，自墙身根部往上以变截面位置或截面未变但配筋改变处为界分段注写。墙身根部标高系指基础顶面标高（部分框支剪力墙结构则为框支梁顶面标高）。

（3）配筋

注写水平分布钢筋、竖向分布钢筋和拉筋的具体数值。注写数值为一排水平分布钢筋和竖向分布钢筋的规格与间距，具体设置几排已经在墙身编号后面表达。

拉筋应注明布置方式"双向"或"梅花双向"，如图4-4所示（图中 a 为竖向分布钢筋间距， b 为水平分布钢筋间距）。

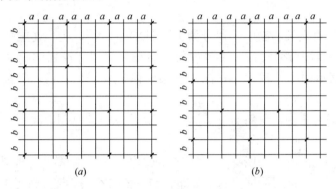

图 4-4　双向拉筋与梅花双向拉筋示意

（a）拉筋@$3a3b$双向（$a \leqslant 200$、$b \leqslant 200$）；（b）拉筋@$4a4b$梅花双向（$a \leqslant 150$、$b \leqslant 150$）

剪力墙身表示例，如图4-5所示。

剪力墙身表					
编号	标　　高	墙　厚	水平分布筋	垂直分布筋	拉筋（双向）
Q1	−0.030~30.270	300	Φ12@200	Φ12@200	Φ6@600@600
	30.270~59.070	250	Φ10@200	Φ10@200	Φ6@600@600
Q2	−0.030~30.270	250	Φ10@200	Φ10@200	Φ6@600@600
	30.270~59.070	200	Φ10@200	Φ10@200	Φ6@600@600

图 4-5　剪力墙身表示例

3. 剪力墙梁表

剪力墙梁表包括以下内容：

（1）剪力墙梁编号，由墙梁类型代号和序号组成，表达形式见表4-3。

剪力墙梁编号　　　　　　　　　　　　　　　　　　　　　　　表4-3

墙梁类型	代号	序号
连梁	LL	××
连梁（对角暗撑配筋）	LL（JC）	××
连梁（交叉斜筋配筋）	LL（JX）	××
连梁（集中对角斜筋配筋）	LL（DX）	××
暗梁	AL	××
边框梁	BKL	××

在具体工程中，当某些墙身需设置暗梁或边框梁时，宜在剪力墙平面布置图中绘制暗梁或边框梁的平面布置图并编号，以明确其具体位置。

（2）墙梁所在楼层号。

（3）墙梁顶面标高高差，是指相对于墙梁所在结构层楼面标高的高差值，高于者为正值，低于者为负值，当无高差时不注。

（4）墙梁截面尺寸 $b×h$，上部纵筋，下部纵筋和箍筋的具体数值。

（5）当连梁设有对角暗撑时［代号为 LL（JC）××］，注写暗撑的截面尺寸（箍筋外皮尺寸）；注写一根暗撑的全部纵筋，并标注×2 表明有两根暗撑相互交叉；注写暗撑箍筋的具体数值。

（6）当连梁设有交叉斜筋时［代号为 LL（JX）××］，注写连梁一侧对角斜筋的配筋值，并标注×2 表明对称设置；注写对角斜筋在连梁端部设置的拉筋根数、规格及直径，并标注×4 表示四个角都设置；注写连梁一侧折线筋配筋值，并标注×2 表明对称设置。

（7）当连梁设有集中对角斜筋时［代号为 LL（DX）××］，注写一条对角线上的对角斜筋，并标注×2 表明对称设置。

墙梁侧面纵筋的配置，当墙身水平分布钢筋满足连梁、暗梁及边框梁的梁侧面纵向构造钢筋的要求时，该筋配置同墙身水平分布钢筋，表中不注，施工按标准构造详图的要求即可；当不满足时，应在表中补充注明梁侧面纵筋的具体数值（其在支座内的锚固要求同连梁中受力钢筋）。

剪力墙梁表示例如图 4-6 所示。

剪力墙梁表						
编　号	所　在楼层号	梁顶相对标高高差	梁截面$b×h$	上部纵筋	下部纵筋	箍　筋
LL1	2~9	0.800	300×2000	4Φ22	4Φ22	Φ10@100(2)
	10~16	0.800	250×2000	4Φ20	4Φ20	Φ10@100(2)
	屋面1		250×1200	4Φ20	4Φ20	Φ10@100(2)
LL2	3	−1.200	300×2520	4Φ22	4Φ22	Φ10@150(2)
	4	−0.900	300×2070	4Φ22	4Φ22	Φ10@150(2)
	5~9	−0.900	300×1770	4Φ22	4Φ22	Φ10@150(2)
	10~屋面1	−0.900	250×1770	3Φ22	3Φ22	Φ10@150(2)
LL3	2		300×2070	4Φ22	4Φ22	Φ10@100(2)
	3		300×1770	4Φ22	4Φ22	Φ10@100(2)
	4~9		300×1170	4Φ22	4Φ22	Φ10@100(2)
	10~屋面1		250×1170	3Φ22	3Φ22	Φ10@100(2)
LL4	2		250×2070	3Φ20	3Φ20	Φ10@120(2)
	3		250×1770	3Φ20	3Φ20	Φ10@120(2)
	4~屋面1		250×1170	3Φ20	3Φ20	Φ10@120(2)
AL1	2~9		300×600	3Φ20	3Φ20	Φ8@150(2)
	10~16		250×500	3Φ18	3Φ18	Φ8@150(2)
BKL1	屋面1		500×750	4Φ22	4Φ22	Φ10@150(2)

图 4-6　剪力墙梁表示例

4.1.2 剪力墙截面注写方式

剪力墙截面注写方式，是在分标准层绘制的剪力墙平面布置图上，以直接在墙柱、墙梁、墙身上注写截面尺寸和配筋具体数值的方式来表达剪力墙平法施工图。

选用适当比例原位放大绘制剪力墙平面布置图，其中对墙柱绘制配筋截面图；对所有墙柱、墙身、墙梁分别按"列表注写方式"的规定进行编号，并分别在相同编号的墙柱、墙身、墙梁中选择一根墙柱、一道墙身、一根墙梁进行注写，其注写方式如下：

（1）从相同编号的墙柱中选择一个截面，注明几何尺寸，标注全部纵筋及箍筋的具体数值。

约束边缘构件（见图 4-1）除需注明阴影部分具体尺寸外，尚需注明约束边缘构件沿墙肢长度 l_c，约束边缘翼墙中沿墙肢长度尺寸为 $2b_f$ 时可不注。除注写阴影部位的箍筋外尚需注写非阴影区内布置的拉筋（或箍筋）。当仅 l_c 不同时，可编为同一构件，但应单独注明 l_c 的具体尺寸并标注非阴影区内布置的拉筋（或箍筋）。

设计施工时应注意：

当约束边缘构件体积配箍率计算中计入墙身水平分布钢筋时，设计者应注明。还应注明墙身水平分布钢筋在阴影区域内设置的拉筋。施工时，墙身水平分布钢筋应注意采用相应的构造做法。

（2）从相同编号的墙身中选择一道墙身，按顺序引注的内容为：墙身编号（应包括注写在括号内墙身所配置的水平与竖向分布钢筋的排数）、墙厚尺寸，水平分布钢筋、竖向分布钢筋和拉筋的具体数值。

（3）从相同编号的墙梁中选择一根墙梁，按顺序引注的内容为：

1）注写墙梁编号、墙梁截面尺寸 $b×h$、墙梁箍筋、上部纵筋、下部纵筋和墙梁顶面标高高差的具体数值。

2）当连梁设有对角暗撑时［代号为 LL（JC）××］，注写暗撑的截面尺寸（箍筋外皮尺寸）；注写一根暗撑的全部纵筋，并标注×2 表明有两根暗撑相互交叉；注写暗撑箍筋的具体数值。

3）当连梁设有交叉斜筋时［代号为 LL（JX）××］，注写连梁一侧对角斜筋的配筋值，并标注×2 表明对称设置；注写对角斜筋在连梁端部设置的拉筋根数、规格及直径，并标注×4 表示四个角都设置；注写连梁一侧折线筋配筋值，并标注×2 表明对称设置。

4）当连梁设有集中对角斜筋时［代号为 LL（DX）××］，注写一条对角线上的对角斜筋，并标注×2 表明对称设置。

当墙身水平分布钢筋不能满足连梁、暗梁及边框梁的梁侧面纵向构造钢筋的要求时，应补充注明梁侧面纵筋的具体数值；注写时，以大写字母 N 打头，接续注写直径与间距。其在支座内的锚固要求同连梁中受力钢筋。

【例 4-1】 N Φ 10@200，表示墙梁两个侧面纵筋对称配置为：HRB400 级钢筋，直径 10，间距为 200。

采用截面注写方式表达的剪力墙平法施工图示例如图 4-7 所示。

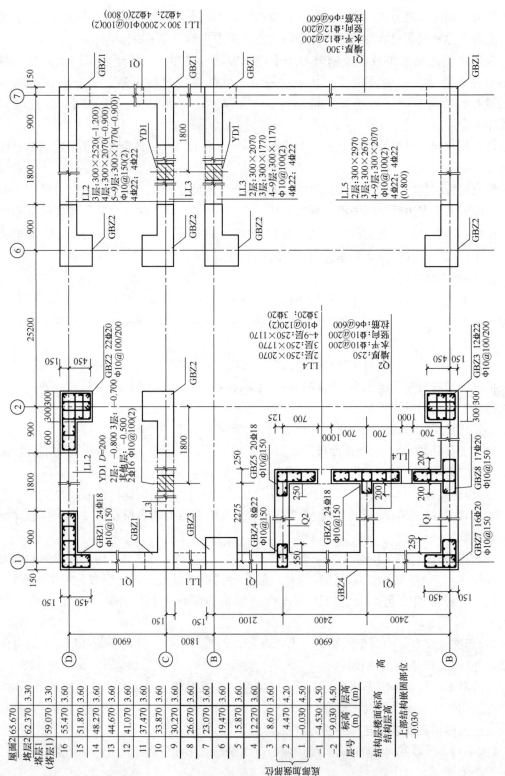

图 4-7 剪力墙平法施工图载面注写方式示例

4.1.3 剪力墙洞口的表示方法

无论采用列表注写方式还是截面注写方式，剪力墙上的洞口均可在剪力墙平面布置图上原位表达。

洞口的具体表示方法如下。

1. 在剪力墙平面布置图上绘制

在剪力墙平面布置图上绘制洞口示意，并标注洞口中心的平面定位尺寸。

2. 在洞口中心位置引注

(1) 洞口编号：矩形洞口为 JD××（××为序号），圆形洞口为 YD××（××为序号）。

(2) 洞口几何尺寸：矩形洞口为洞宽×洞高（$b×h$），圆形洞口为洞口直径 D。

(3) 洞口中心相对标高：洞口中心相对标高，系相对于结构层楼（地）面标高的洞口中心高度。当其高于结构层楼面时为正值，低于结构层楼面时为负值。

(4) 洞口每边补强钢筋：

1) 当矩形洞口的洞宽、洞高均不大于 800 时，此项注写为洞口每边补强钢筋的具体数值（如果按标准构造详图设置补强钢筋时可不注）。当洞宽、洞高方向补强钢筋不一致时，分别注写洞宽方向、洞高方向补强钢筋，以"/"分隔。

【例 4-2】 JD 2 400×300 ＋3.100 3Φ14，表示 2 号矩形洞口，洞宽 400，洞高 300，洞口中心距本结构层楼面 3100，洞口每边补强钢筋为 3Φ14。

【例 4-3】 JD 3 400×300＋3.100，表示 3 号矩形洞口，洞宽 400，洞高 300，洞口中心距本结构层楼面 3100，洞口每边补强钢筋按构造配置。

【例 4-4】 JD 4 800×300＋3.100 3Φ18/3Φ14，表示 4 号矩形洞口，洞宽 800、洞高 300，洞口中心距本结构层楼面 3100，洞宽方向补强钢筋为 3Φ18，洞高方向补强钢筋为 3Φ14。

2) 当矩形或圆形洞口的洞宽或直径大于 800 时，在洞口的上、下需设置补强暗梁，此项注写为洞口上、下每边暗梁的纵筋与箍筋的具体数值（在标准构造详图中，补强暗梁梁高一律定为 400，施工时按标准构造详图取值，设计不注。当设计者采用与该构造详图不同的做法时，应另行注明），圆形洞口时尚需注明环向加强钢筋的具体数值；当洞口上、下边为剪力墙连梁时，此项免注；洞口竖向两侧设置边缘构件时，亦不在此项表达（当洞口两侧不设置边缘构件时，设计者应给出具体做法）。

【例 4-5】 JD 5 1800×2100＋1.800 6Φ20 φ8@150，表示 5 号矩形洞口，洞宽 1800、洞高 2100，洞口中心距本结构层楼面 1800，洞口上下设补强暗梁，每边暗梁纵筋为 6Φ20，箍筋为 φ8@150。

【例 4-6】 YD 5 1000＋1.800 6Φ20 φ8@150 2Φ16，表示 5 号圆形洞口，直径 1000，洞口中心距本结构层楼面 1800，洞口上下设补强暗梁，每边暗梁纵筋为 6Φ20，箍筋为 φ8@150，环向加强钢筋 2Φ16。

3) 当圆形洞口设置在连梁中部 1/3 范围（且圆洞直径不应大于 1/3 梁高）时，需注写在圆洞上下水平设置的每边补强纵筋与箍筋。

4) 当圆形洞口设置在墙身或暗梁、边框梁位置，且洞口直径不大于 300 时，此项注写为洞口上下左右每边布置的补强纵筋的具体数值。

5）当圆形洞口直径大于300，但不大于800时，其加强钢筋按照圆外切正六边形的边长方向布置，设计仅需注写六边形中一边补强钢筋的具体数值。

4.1.4 地下室外墙表示方法

地下室外墙仅适用于起挡土作用的地下室外围护墙。地下室外墙中墙柱、连梁及洞口等的表示方法同地上剪力墙。

地下室外墙编号，由墙身代号序号组成。表达为：

$$DWQ \times \times$$

地下室外墙平注写方式，包括集中标注墙体编号、厚度、贯通筋、拉筋等和原位标注附加非贯通筋等两部分内容。当仅设置贯通筋，未设置附加非贯通筋时，则仅做集中标注。

1. 集中标注

集中标注的内容包括：

（1）地下室外墙编号，包括代号、序号、墙身长度（注为 xx 轴～xx 轴）。

（2）地下室外墙厚度 b_w＝xxx。

（3）地下室外墙的外侧、内侧贯通筋和拉筋。

1）以 OS 代表外墙外侧贯通筋。其中，外侧水平贯通筋以 H 打头注写，外侧竖向贯通筋以 V 打头注写。

2）以 IS 代表外墙内侧贯通筋。其中，内侧水平贯通筋以 H 打头注写，内侧竖向贯通筋以 V 打头注写。

3）以 tb 打头注写拉筋直径、强度等级及间距，并注明"双向"或"梅花双向"。

【例 4-7】　　　　DWQ2（①～⑥），b_w＝300

OS：H Φ 18@200，V Φ 20@200

IS：H Φ 16@200，V Φ 18@200

tb：Φ 6@400@400 双向

表示 2 号外墙，长度范围为①～⑥之间，墙厚为300；外侧水平贯通筋为Φ 18@200，竖向贯通筋为Φ 20@200；内侧水平贯通筋为Φ 16@200，竖向贯通筋为Φ 18@200；双向拉筋为Φ 6，水平间距为400，竖向间距为400。

2. 原位标注

地下室外墙的原位标注，主要表示在外墙外侧配置的水平非贯通筋或竖向非贯通筋。

当配置水平非贯通筋时，在地下室墙体平面图上原位标注。在地下室外墙外侧绘制粗实线段代表水平非贯通筋，在其上注写钢筋编号并以 H 打头注写钢筋强度等级、直径、分布间距，以及自支座中线向两边跨内的伸出长度值。当自支座中线向两侧对称伸出时，可仅在单侧标注跨内伸出长度，另一侧不注，此种情况下非贯通筋总长度为标注长度的 2 倍。边支座处非贯通钢筋的伸出长度值从支座外边缘算起。

地下室外墙外侧非贯通筋通常采用"隔一布一"方式与集中标注的贯通筋间隔布置，其标注间距应与贯通筋相同，两者组合后的实际分布间距为各自标注间距的 1/2。

当在地下室外墙外侧底部、顶部、中层楼板位置配置竖向非贯通筋时，应补充绘制地下室外墙竖向截面轮廓图并在其上原位标注。表示方法为在地下室外墙竖向截面轮廓图外侧绘制粗实线段代表竖向非贯通筋，在其上注写钢筋编号并以 V 打头注写钢筋强度等级、直径、分布间距，以及向上（下）层的伸出长度值，并在外墙竖向截面图名下注明分布范围（xx 轴～xx 轴）。

地下室外墙外侧水平、竖向非贯通筋配置相同者，可仅选择一处注写，其他可仅注写编号。

当在地下室外墙顶部设置通长加强钢筋时应注明。

4.2 剪力墙钢筋排布构造

4.2.1 剪力墙柱钢筋排布构造

1. 剪力墙柱柱身钢筋排布构造

（1）剪力墙边缘构件竖向钢筋连接位置

剪力墙边缘构件竖向钢筋连接位置如图 4-8 所示，h 为楼板、暗梁或边框梁高度的较大值。剪力墙竖向钢筋应连续通过 h 高度范围。

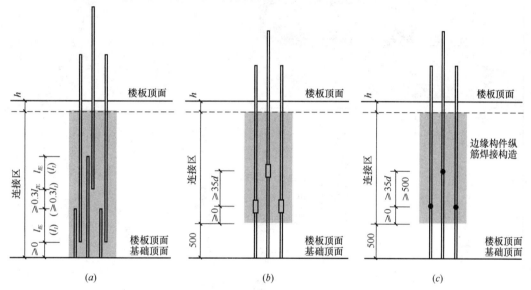

图 4-8　边缘构件竖向钢筋连接位置
（a）绑扎搭接；（b）机械连接；（c）焊接连接

下面讲述一下对构造图的理解：

1）图 4-8（a）：当采用绑扎搭接时，相邻钢筋交错搭接，搭接长度≥l_{lE}（l_l）错开距离 0.3≥l_{lE}（$0.3l_l$）。

2）图 4-8（b）：当采用机械连接时，纵筋机械连接接头错开 $35d$；机械连接的连接点距离结构层顶面（基础顶面）或底面≥500mm。

3）图 4-8（c）：当采用焊接连接时，纵筋焊接连接接头错开 $35d$ 且≥500mm；焊接连接的连接点距离结构层顶面（基础顶面）或底面≥500mm。

（2）约束边缘构件和构造边缘构件钢筋排布构造

约束边缘构件和构造边缘构件中，暗柱、端柱、翼墙、转角墙的纵筋和箍筋，均应设置在剪力墙边缘构件的核心部位，即图 4-9、图 4-10 中的阴影部位。

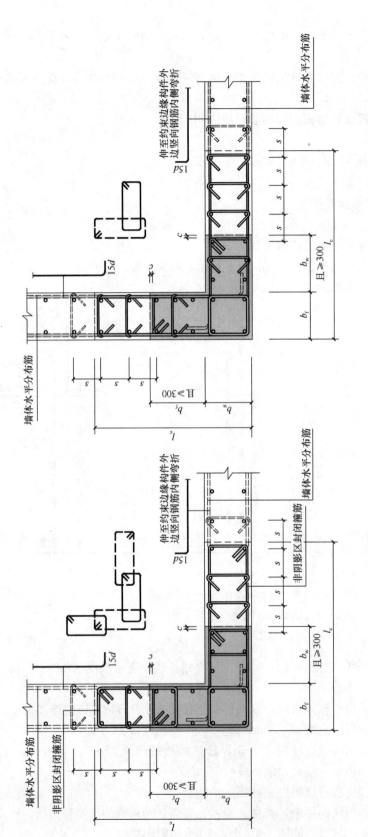

图 4-9 约束边缘构件（一）

(a) 约束边缘转角墙

(a)

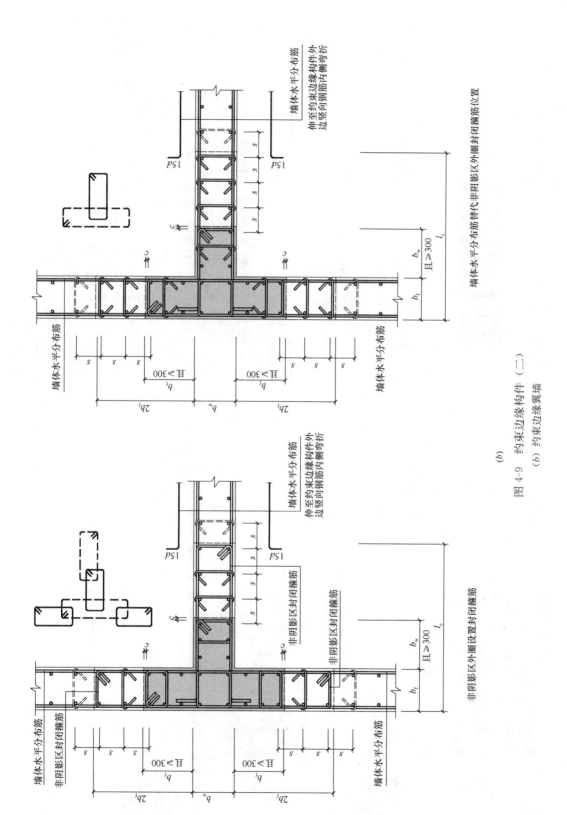

(b) 约束边缘构件（二）

图 4-9

(b) 约束边缘翼墙

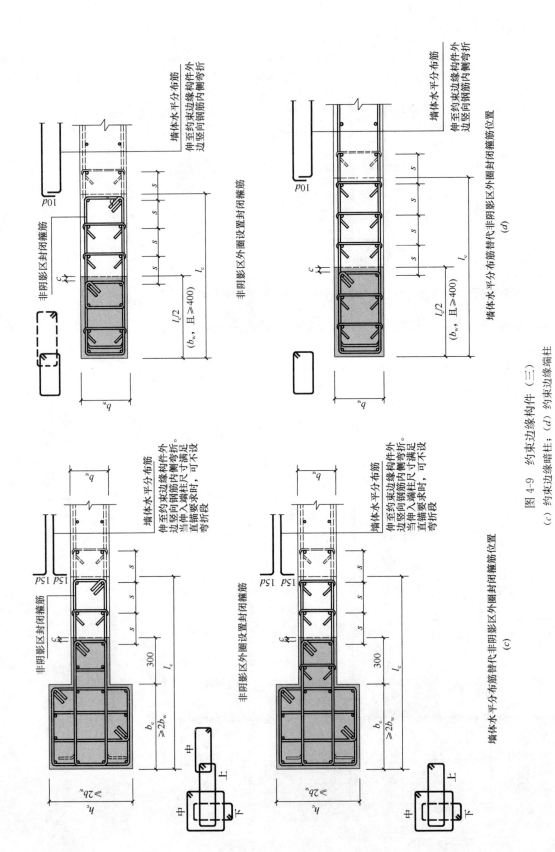

图 4-9 约束边缘构件（三）

(c) 约束边缘端柱；(d) 约束边缘端柱

154

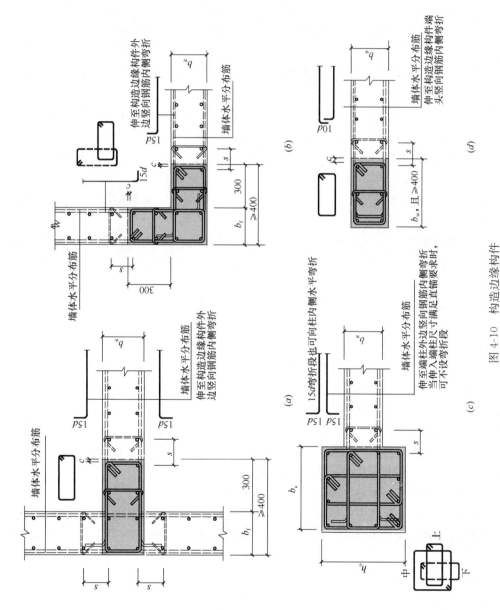

图 4-10 构造边缘构件

(a) 构造边缘翼墙；(b) 构造边缘转角墙；(c) 构造边缘端柱；(d) 构造边缘暗柱

下面讲述一下对构造图的理解：

1）剪力墙约束边缘构件非阴影区竖向钢筋即为剪力墙竖向分布筋的一部分，与竖向分布筋一同排布，非阴影区长度依据设计要求取剪力墙竖向分布筋间距的整数倍。

2）施工钢筋排布时，剪力墙约束边缘构件（或构造边缘构件）的竖向钢筋外皮与剪力墙竖向分布筋外皮应位于同一垂直平面（即边缘构件与墙身竖向钢筋保护层厚度相同），同时应满足边缘构件箍筋与墙身水平分布筋的保护层厚度要求。

3）剪力墙约束边缘构件阴影区外圈和非阴影区外圈应设置封闭箍筋。部分非阴影区外圈封闭箍筋可由满足构造条件的剪力墙水平分布筋替代，当墙体分布筋替代非阴影区外圈封闭箍筋时，计入体积配箍率的墙体水平分布筋不大于体积配箍率的 30%，并应适当设置拉筋。具体方案由设计确定。

4）非阴影区外圈封闭箍筋应伸入阴影区内 1 倍竖向钢筋间距，并箍住竖向钢筋。封闭箍筋内部设置拉筋时，拉筋应紧靠竖向钢筋同时勾住外封闭箍筋。

5）沿约束边缘构件（或构造边缘构件）外封闭箍筋周边，箍筋局部重叠不宜多于两层。

6）施工安装绑扎时，边缘构件封闭箍筋弯钩位置应沿各转角交错设置，转角墙或边缘暗柱外角处可不设置弯钩。

7）剪力墙钢筋配置多于两排时，中间排水平分布筋端部构造同内侧水平分布筋，端部弯折段可向上或向下弯折。

2. 剪力墙上柱钢筋排布构造

抗震和非抗震剪力墙上柱，是指普通剪力墙上个别部位的少量起柱，不包括结构转换层上的剪力墙柱。剪力墙上柱按柱纵筋的锚固情况分为：柱向下延伸与墙重叠一层和柱纵筋墙顶锚固两种类型。

（1）柱向下延伸与剪力墙重叠一层的墙上柱。抗震剪力墙上柱钢筋排布构造如图4-11所示，非抗震剪力墙上柱钢筋排布构造如图4-12所示。

（2）柱纵筋墙顶锚固。抗震剪力墙上柱钢筋排布构造如图 4-13 所示，非抗震剪力墙上柱钢筋排布构造如图 4-14 所示。

（3）柱纵向钢筋连接，相邻接头相互错开，在同一截面内的钢筋接头百分率：对于绑扎搭接和机械连接不宜大于 50%；对于焊接连接不应大于 50%。

（4）柱纵向钢筋直径大于 25mm 时，不宜采用绑扎搭接接头。

（5）机械连接和焊接接头的类型及质量应符合国家现行有关标准的规定。

（6）墙上起柱，在墙顶面标高以下锚固范围内的柱箍筋按上柱非加密区箍筋要求配置。

3. 框支柱配筋构造

框支柱的配筋构造，如图 4-15、图 4-16 所示。

下面讲述一下对构造图的理解：

（1）框支柱的柱底纵筋的连接构造同抗震框架柱。

（2）柱纵筋的连接宜采用机械连接接头。

（3）框支柱在上部剪力墙范围内的纵筋延伸到上部剪力墙内（不应少于一层）的层顶。

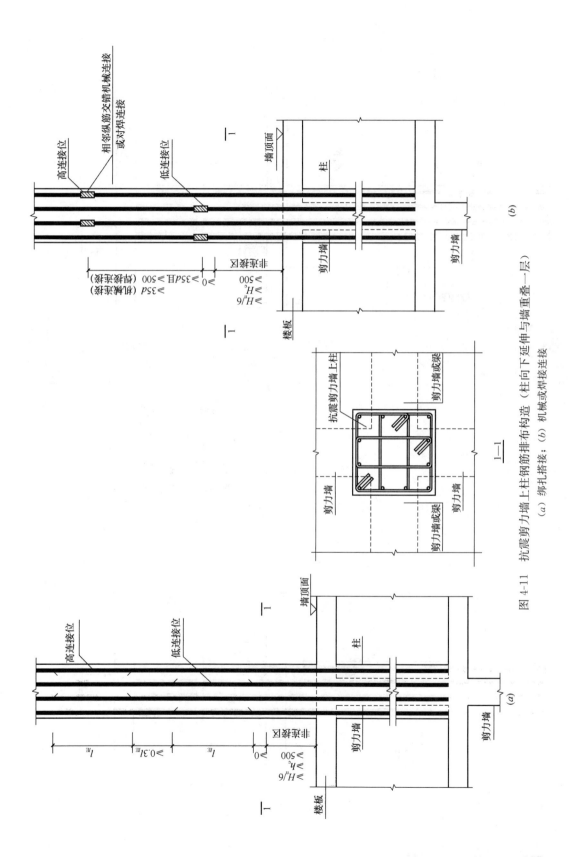

图 4-11 抗震剪力墙上柱上柱钢筋排布构造（柱向下延伸与墙重叠一层）

(a) 绑扎搭接；(b) 机械或焊接连接

157

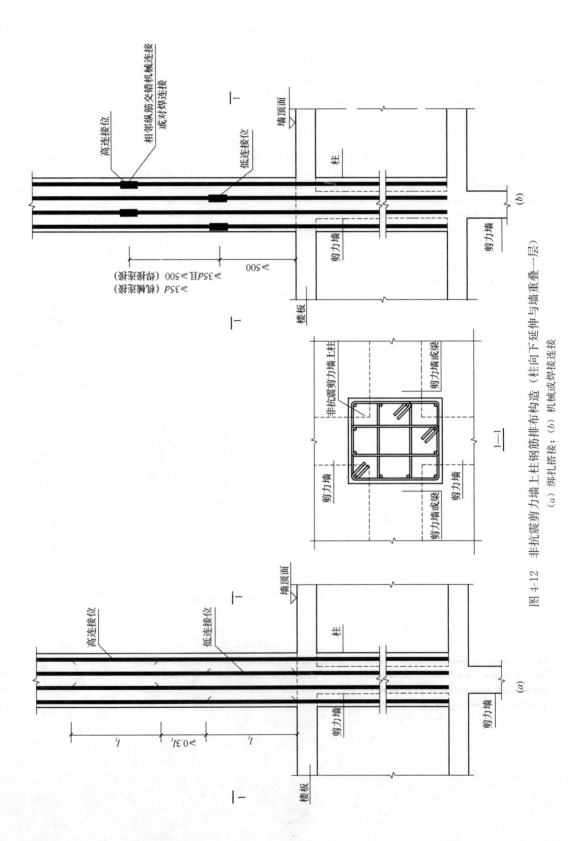

图 4-12 非抗震剪力墙上柱钢筋排布构造（柱向下延伸与墙重叠一层）

(a) 绑扎搭接；(b) 机械或焊接连接

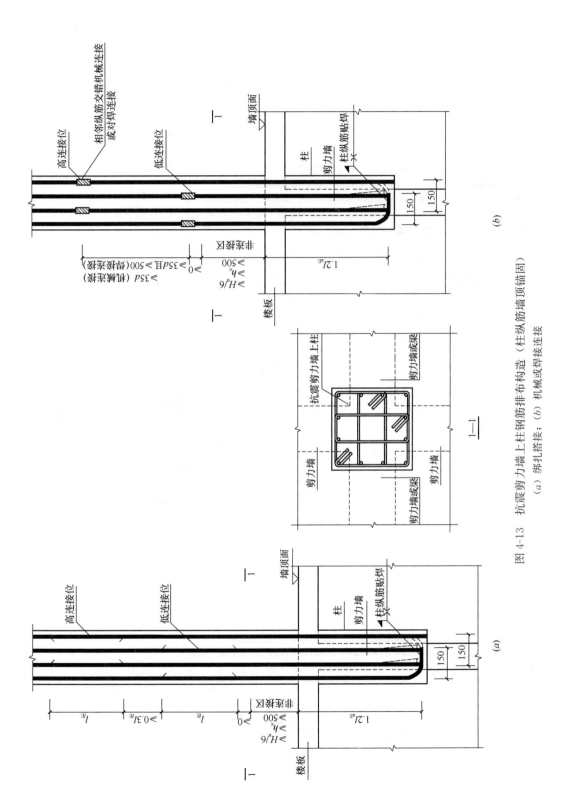

图 4-13 抗震剪力墙上柱钢筋排布构造（柱纵筋墙顶锚固）

(a) 绑扎搭接；(b) 机械或焊接连接

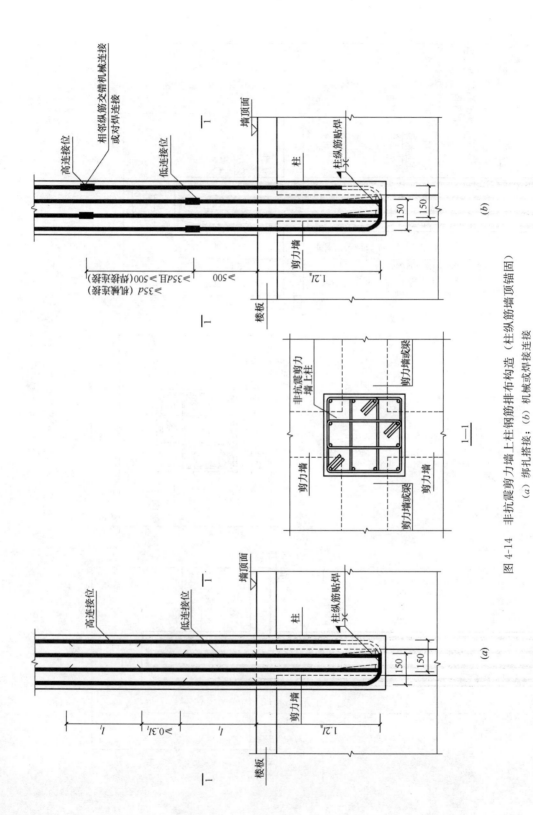

图 4-14　非抗震剪力墙上柱钢筋排布构造（柱纵筋墙顶锚固）

(a) 绑扎搭接；(b) 机械或焊接连接

160

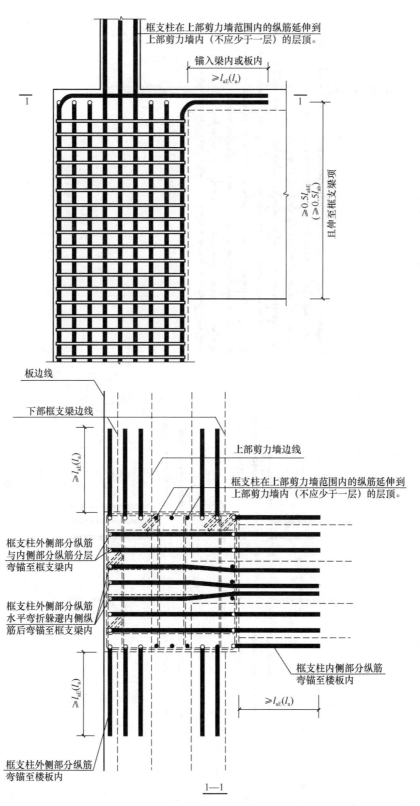

框支柱在上部剪力墙范围内的纵筋延伸到
上部剪力墙内（不应少于一层）的层顶。

锚入梁内或板内
$\geqslant l_{aE}(l_a)$

$\geqslant 0.5l_{abE}$
$(>0.5l_{ab})$
且伸至框支梁顶

板边线

下部框支梁边线

$\geqslant l_{aE}(l_a)$

上部剪力墙边线

框支柱在上部剪力墙范围内的纵筋延伸到
上部剪力墙内（不应少于一层）的层顶。

框支柱外侧部分纵筋
与内侧部分纵筋分层
弯锚至框支梁内

框支柱外侧部分纵筋
水平弯折躲避内侧纵
筋后弯锚至框支梁内

框支柱内侧部分纵筋
弯锚至楼板内

$\geqslant l_{aE}(l_a)$

$\geqslant l_{aE}(l_a)$

框支柱外侧部分纵筋
弯锚至楼板内

1—1

图 4-15　框支柱配筋构造详图（一）

161

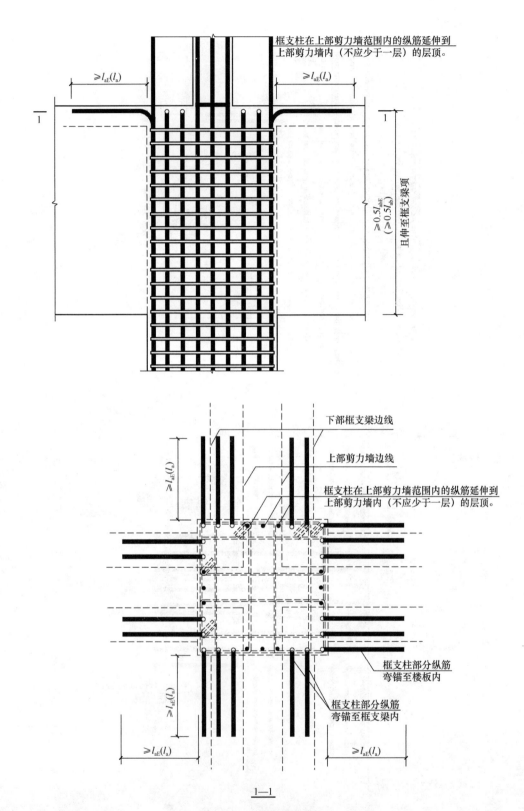

图 4-16　框支柱配筋构造详图（二）

4.2.2 剪力墙身钢筋排布构造

1. 剪力墙身水平钢筋构造

剪力墙设有端柱、翼墙、转角墙时、边缘暗柱、无暗柱封边构造、斜交墙和扶壁柱等竖向约束边缘构件时，剪力墙身水平钢筋构造要求的主要内容有：

（1）水平分布钢筋在端柱锚固构造

剪力墙设有端柱时，水平分布筋在端柱锚固的构造要求如图 4-17 所示。

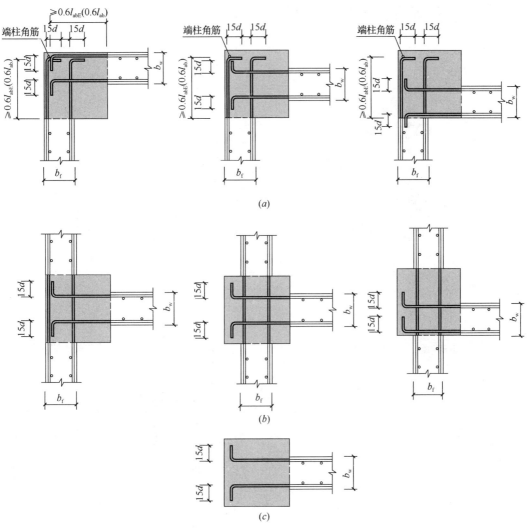

图 4-17 设置端柱时剪力墙水平钢筋锚固构造
（a）转角墙；（b）翼墙；（c）端部墙

下面讲述一下对构造图的理解：

1）端柱位于转角部位时，位于端柱宽出墙身一侧的剪力墙水平分布筋伸入端柱水平长度≥$0.6l_{abE}$（$0.6l_{ab}$），弯折长度 $15d$；当直锚深度≥l_{aE}（l_a）时，可不设弯钩。位于端柱与墙身相平一侧的剪力墙水平分布筋绕过端柱阳角，与另一片墙段水平分布筋连接；也可不绕过端柱阳角，而直接伸至端柱角筋内侧向内弯折 $15d$。

2）非转角部位端柱，剪力墙水平分布筋伸入端柱弯折长度 15d；当直锚深度≥l_{aE}（l_a）时，可不设弯钩。

3）剪力墙钢筋配置多于两排时，中间排水平分布筋端柱处构造与位于端柱内部的水平分布筋相同，其端部弯折段可向上或向下弯折。

4）当剪力墙水平分布筋向端柱外侧弯折所需尺寸不够时，也可向柱中心方向弯折。

（2）水平分布钢筋在转角墙锚固构造

剪力墙水平分布钢筋在转角墙锚固构造要求如图 4-18 所示。

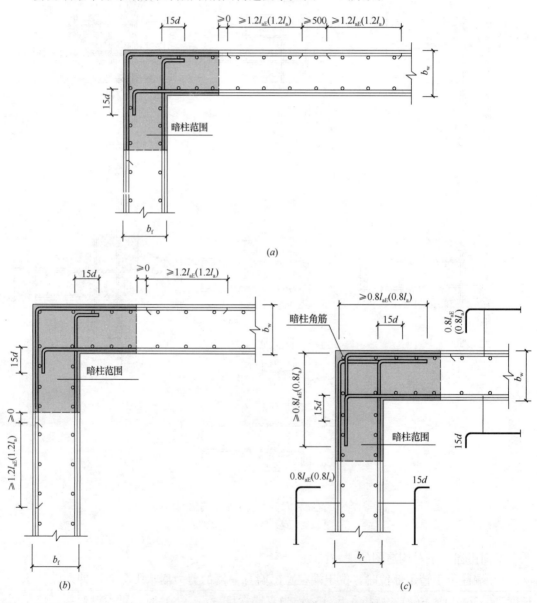

图 4-18　设置转角墙时剪力墙水平钢筋锚固构造
（a）转角墙构造一；（b）转角墙构造二；（c）转角墙构造三

下面讲述一下对构造图的理解：

1）图 4-18（a）：外侧上、下相邻两排水平钢筋在转角一侧交错搭接连接，搭接长度 $\geqslant 1.2l_{aE}$（$1.2l_a$），搭接范围错开间距 500mm；墙外侧水平分布筋连续通过转角，在转角墙核心部位以外与另一片剪力墙的外侧水平分布筋连接，墙内侧水平分布筋伸至转角墙核心部位的外侧钢筋内侧，水平弯折 15d。

2）图 4-18（b）：外侧上、下相邻两排水平钢筋在转角两侧交错搭接连接，搭接长度 $\geqslant 1.2l_{aE}$（$1.2l_a$）；墙外侧水平分布筋连续通过转角，在转角墙核心部位以外与另一片剪力墙的外侧水平分布筋连接，墙内侧水平分布筋伸至转角墙核心部位的外侧钢筋内侧，水平弯折 15d。

3）图 4-18（c）：墙外侧水平钢筋在转角处搭接，搭接长度为 $0.8l_{aE}$（$0.8l_a$），墙内侧水平分布筋伸至转角墙核心部位的外侧钢筋内侧，水平弯折 15d。

（3）水平分布筋在端部无暗柱封边构造

剪力墙水平分布钢筋在端部无暗柱封边构造要求如图 4-19 所示。

剪力墙身水平分布筋在端部无暗柱时，可采用在端部设置 U 形水平筋（目的是箍住边缘竖向加强筋），墙身水平分布筋与 U 形水平筋搭接；也可将墙身水平分布筋伸至端部弯折 10d。

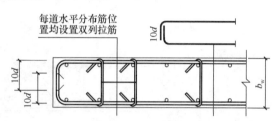

图 4-19 无暗柱时水平钢筋锚固构造

（4）水平分布筋在端部有暗柱封边构造

剪力墙水平分布钢筋在端部有暗柱封边构造要求如图 4-20 所示。

（5）水平分布筋交错连接构造

剪力墙身水平分布筋交错连接时，上下相邻的墙身水平分布钢筋交错搭接连接，搭接长度 $\geqslant 1.2l_{aE}$（$1.2l_a$），搭接范围交错 $\geqslant 500mm$，如图 4-21 所示。

（6）水平分布筋斜交墙构造

剪力墙斜交部位应设置暗柱，如图 4-22 所示。斜交墙外侧水平分布筋连续通过阳角，内侧水平分布筋在墙内弯折锚固长度为 15d。

2. 剪力墙身竖向分布钢筋构造

剪力墙身竖向分布钢筋连接构造、变截面竖向分布筋构造、墙顶部竖向分布筋构造等内容。

（1）竖向分布筋连接构造

剪力墙身竖向分布钢筋通常采用搭接、

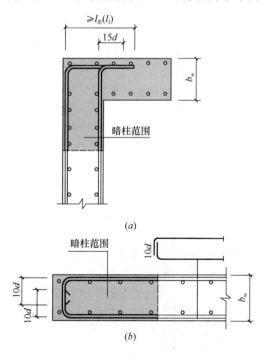

图 4-20 有暗柱时水平钢筋锚固构造

（a）端部暗柱墙（一）；（b）端部暗柱墙（二）

机械和焊接连接三种连接方式，如图 4-23 所示。

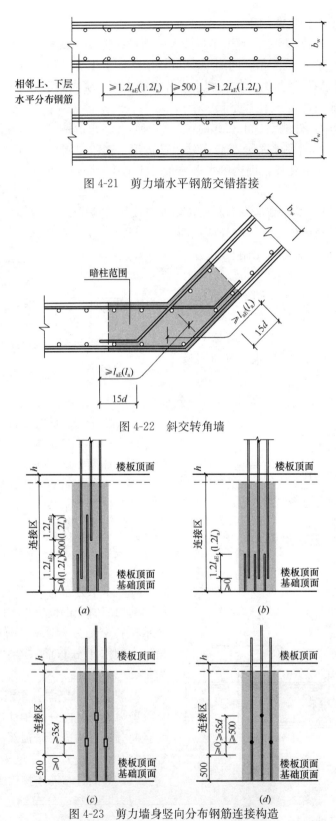

图 4-21　剪力墙水平钢筋交错搭接

图 4-22　斜交转角墙

图 4-23　剪力墙身竖向分布钢筋连接构造

（a）搭接连接（一）；（b）搭接连接（二）；（c）机械连接；（d）焊接连接

166

下面讲述一下对构造图的理解：

图 4-23（a）：一、二级抗震等级剪力墙底部加强部位的剪力墙身竖向分布钢筋可在楼层层间任意位置搭接连接，搭接长度为 $1.2l_{aE}$ 止，搭接接头错开距离 500mm，钢筋直径大于 28mm 时不宜采用搭接连接。

图 4-23（b）：一、二级抗震等级剪力墙非底部加强部位或三、四级抗震等级或非抗震的剪力墙身竖向分布钢筋可在楼层层间同一位置搭接连接，搭接长度为 $1.2l_{aE}$ 止，钢筋直径大于 28mm 时不宜采用搭接连接。

图 4-23（c）：当采用机械连接时，纵筋机械连接接头错开 35d；机械连接的连接点距离结构层顶面（基础顶面）或底面≥500mm。

图 4-23（d）：当采用焊接连接时，纵筋焊接连接接头错开 35d 且≥500mm；焊接连接的连接点距离结构层顶面（基础顶面）或底面≥500mm。

（2）剪力墙屋面板处钢筋排布构造

剪力墙屋面板处钢筋排布构造，如图 4-24 所示。竖向分布筋伸至剪力墙顶部后弯折，弯折长度为 12d；当一侧剪力墙有楼板时，墙柱钢筋均向楼板内弯折，当剪力墙两侧均有楼板时，竖向钢筋可分别向两侧楼板内弯折。

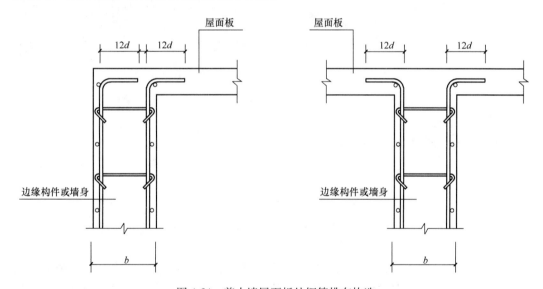

图 4-24　剪力墙屋面板处钢筋排布构造

3. 剪力墙身拉筋构造

剪力墙身拉筋有矩形排布与梅花形排布两种布置形式，如图 4-25 所示。

下面讲述一下对构造图的理解：

（1）拉筋水平及竖向间距：梅花形排布不大于 850mm，矩形排布不大于 600mm；当设计未注明时，宜采用梅花形排布方案。图中 S_x 为拉筋水平间距；S_y 为拉筋竖向间距。

（2）拉筋排布：层高范围由底部板顶向上第二排水平分布筋处开始设置，至顶部板底向下第一排水平分布筋处终止；墙身宽度范围由距边缘构件边第一排墙身竖向分布筋处开始设置。位于边缘构件范围的水平分布筋也应设置拉筋，此范围拉筋间距不大于墙身拉筋间距。拉筋直径≥6mm。

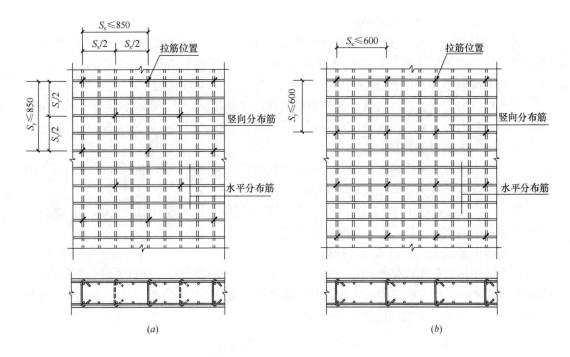

图 4-25　剪力墙身拉筋设置
(a) 梅花形排布；(b) 矩形排布

(3) 墙身拉筋应同时勾住竖向分布筋与水平分布筋。当墙身分布筋多于两排时，拉筋应与墙身内部的每排竖向和水平分布筋同时牢固绑扎。

4.2.3　剪力墙梁钢筋排布构造

1. 剪力墙连梁钢筋排布构造

剪力墙连梁钢筋排布构造如图 4-26 所示。

下面讲述一下对构造图的理解：

(1) 连梁箍筋外皮与剪力墙竖向钢筋外皮平齐，连梁上部、下部纵筋在连梁箍筋内侧设置，连梁侧面纵筋在连梁箍筋外侧紧靠箍筋外皮通过。

(2) 当设计未单独设置连梁侧面纵筋时，墙身水平分布筋作为连梁侧面纵筋在连梁范围内拉通连续配置。当单独设置连梁侧面纵筋时，侧面纵筋伸入洞口以外支座范围的锚固长度为 l_{aE}（l_a）且 ≥600mm；端部洞口单独设置的连梁侧面纵筋在剪力墙端部边缘构件内的锚固要求与剪力墙水平分布筋相同。

(3) 为便于施工中钢筋安装绑扎，若进入连梁底部以上第一排墙身水平分布筋与梁底间距小于 50mm，可仅将此根钢筋向上调整使其与梁底间距为 50mm；若进入跨层连梁顶部以下第一排墙身水平分布筋与梁顶间距小于 50mm，可仅将此根钢筋向下调整使其与梁顶间距为 50mm；其他墙身水平分布筋原位置不变。

(4) 施工时可将封闭箍筋弯钩位置设置于连梁顶部，相邻两组箍筋弯钩位置沿连梁纵向交错对称排布。

(5) 当连梁截面高度 ≥700mm 时，其侧面构造钢筋直径应 ≥10mm，间距应 ≤200mm；当跨高比 ≤2.5 时，侧面构造纵筋的面积配筋率应 ≥0.3%。

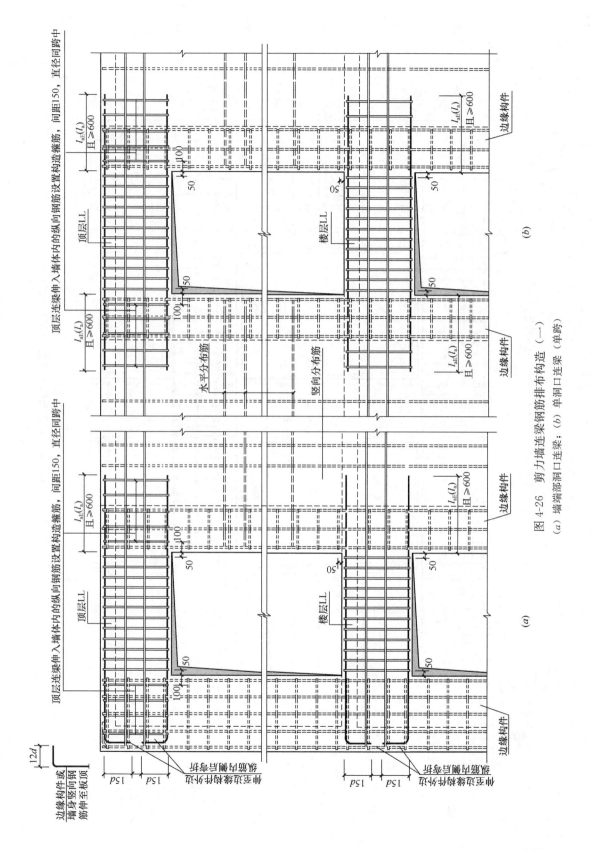

图 4-26　剪力墙连梁钢筋排布构造（一）

(a) 墙端部洞口连梁；(b) 单洞口连梁（单跨）

169

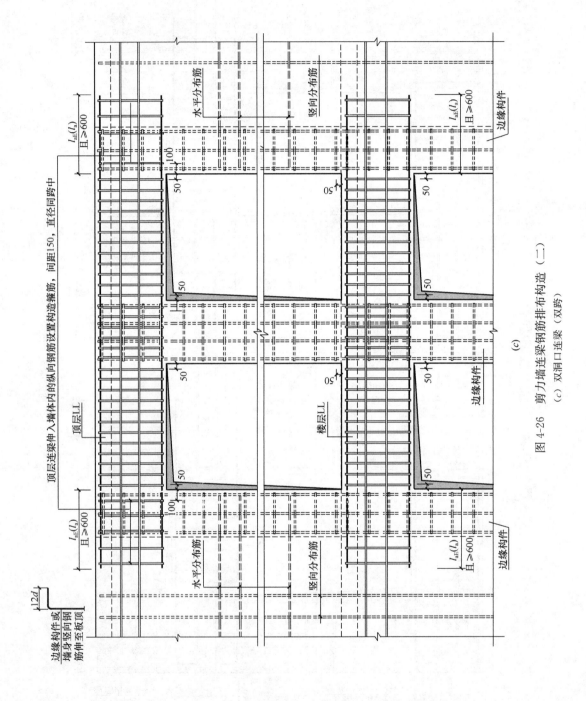

图 4-26　剪力墙连梁钢筋排布构造（二）

(c) 双洞口连梁（双跨）

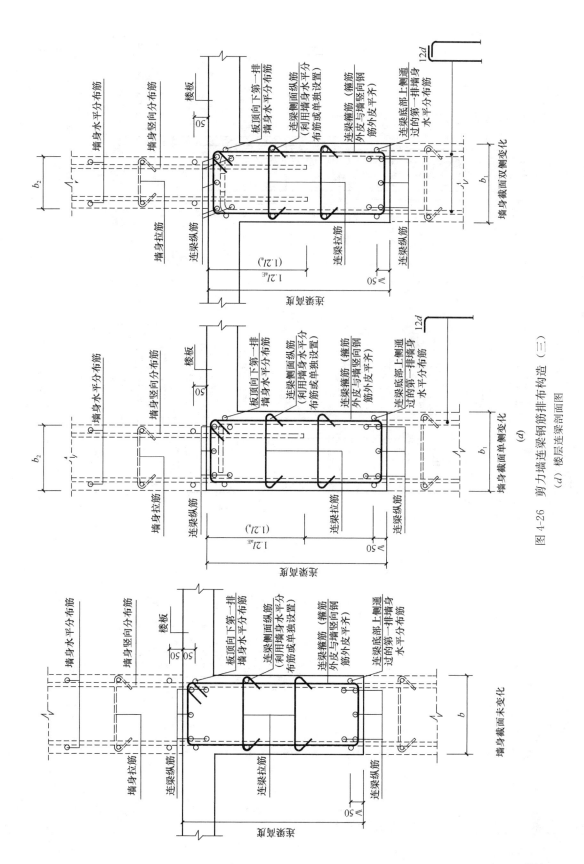

图 4-26 剪力墙连梁钢筋排布构造（三）

（d）楼层连梁剖面图

171

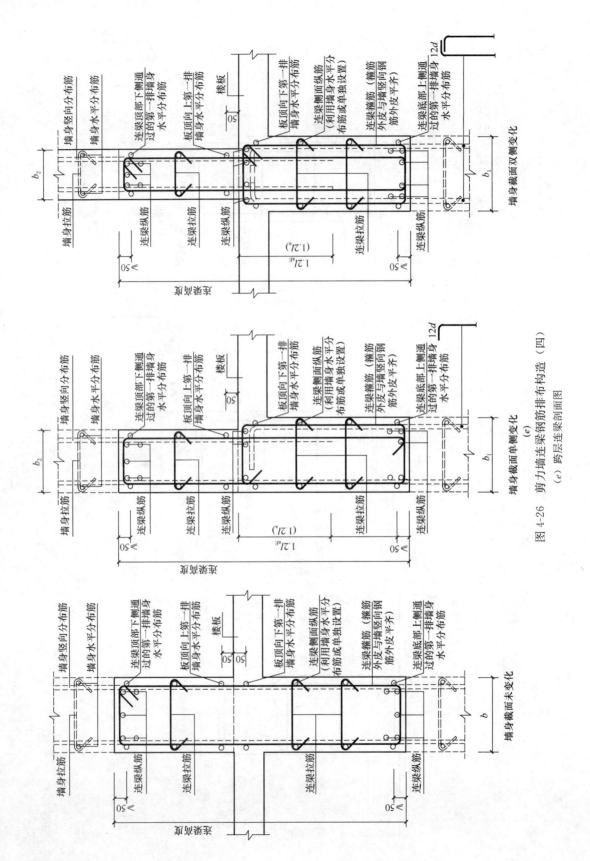

图 4-26 剪力墙连梁钢筋排布构造（四）

（e）跨层连梁剖面图

墙身截面双侧变化
（e）

墙身截面单侧变化
（e）

墙身截面未变化

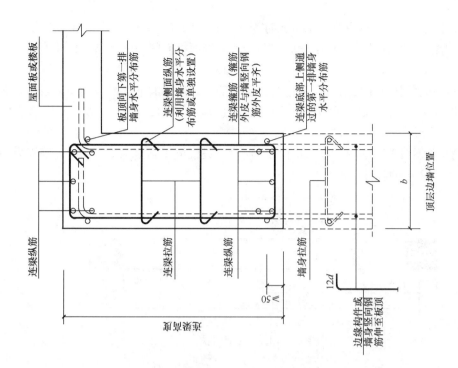

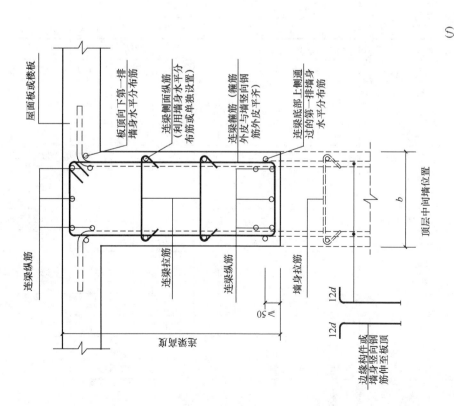

图 4-26 剪力墙连梁钢筋排布构造（五）

(f) 顶层连梁剖面图

173

（6）连梁拉筋直径：当梁宽≤350mm时为6mm，梁宽＞350mm时为8mm；拉筋水平间距为2倍箍筋间距，拉筋沿连梁侧面间距不大于侧面纵筋间距的2倍，相邻上下两排拉筋沿连梁纵向错开设置。

（7）中间层端部洞口连梁的纵向钢筋及顶层端部洞口连梁的下部纵向钢筋，当伸入端支座的直锚长度≥l_{aE}（l_a）时，可不必上下弯锚，但应伸至边缘构件外边竖向钢筋内侧位置。

【例4-8】 单洞口LL1施工图，如图4-27所示。设混凝土强度为C30，抗震等级为一级，计算连梁LL1中的各种钢筋。

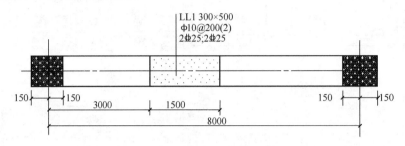

图4-27 LL1钢筋计算图

【解】

由表4-4查得，混凝土强度为C30，抗震等级为一级时，$l_{ab}=33d$，再代入表4-5、表4-6得$l_{aE}=38d$。

受拉钢筋基本锚固长度 l_{ab}、l_{abE}　　　　表4-4

钢筋种类	抗震等级	混凝土强度等级								
		C20	C25	C30	C35	C40	C45	C50	C55	≥C60
HPB300	一、二级（l_{abE}）	45d	39d	35d	32d	29d	28d	26d	25d	24d
	三级（l_{abE}）	41d	36d	32d	29d	26d	25d	24d	23d	22d
	四级（l_{abE}） 非抗震（l_{ab}）	39d	34d	30d	28d	25d	24d	23d	22d	21d
HRB335 HRBF335	一、二级（l_{abE}）	44d	38d	33d	31d	29d	26d	25d	24d	24d
	三级（l_{abE}）	40d	35d	31d	28d	26d	24d	23d	22d	22d
	四级（l_{abE}） 非抗震（l_{ab}）	38d	33d	29d	27d	25d	23d	22d	21d	21d
HRB400 HRBF400 RRB400	一、二级（l_{abE}）	—	46d	40d	37d	33d	32d	31d	30d	29d
	三级（l_{abE}）	—	42d	37d	34d	30d	29d	28d	27d	26d
	四级（l_{abE}） 非抗震（l_{ab}）		40d	35d	32d	29d	28d	27d	26d	25d
HRB500 HRBF500	一、二级（l_{abE}）	—	55d	49d	45d	41d	39d	37d	36d	35d
	三级（l_{abE}）	—	50d	45d	41d	38d	36d	34d	33d	32d
	四级（l_{abE}） 非抗震（l_{ab}）	—	48d	43d	39d	36d	34d	32d	31d	30d

非抗震	抗震	注：1. l_a 不应小于 200
		2. 锚固长度修正系数，按表 4-6 的规定取用，当多于一项时，可按连乘计算，但不应小于 0.6
$l_a = \zeta_a l_{ab}$	$l_{aE} = \zeta_{aE} l_a$	3. ζ_{aE} 为抗震锚固长度修正系数，对一、二级抗震等级取 1.15，对三级抗震等级取 1.05，对四级抗震取 1.00

受拉钢筋锚固长度修正系数 ζ_a　　　　　表 4-6

锚 固 条 件		ζ_a	
带肋钢筋的公称直径大于 25		1.10	
环氧树脂涂层带肋钢筋		1.25	
施工过程中易受扰动的钢筋		1.10	
锚固区保护层厚度	$3d$	0.80	注：中间时按内插值。d 为锚固钢筋直径。
	$5d$	0.70	

（1）中间层

1）上、下部纵筋

$$计算公式＝净长＋两端锚固$$
$$锚固长度＝\max(l_{aE}, 600)$$
$$＝\max(38 \times 25, 600)$$
$$＝950\text{mm}$$

总长度＝$1500 + 2 \times 950 = 3400\text{mm}$

2）箍筋长度

$$2 \times [(300 - 2 \times 15) + (500 - 2 \times 15)] + 2 \times 11.9 \times 10 = 1718\text{mm}$$

3）箍筋根数

$$(1500 - 2 \times 50)/200 + 1 = 8 \text{ 根}$$

（2）顶层

1）上、下部纵筋

$$计算公式＝净长＋两端锚固$$
$$锚固长度＝\max(l_{aE}, 600)$$
$$＝\max(38 \times 25, 600)$$
$$＝950\text{mm}$$

总长度＝$1500 + 2 \times 950 = 3400\text{mm}$

2）箍筋长度

$$2 \times [(300 - 2 \times 15) + (500 - 2 \times 15)] + 2 \times 11.9 \times 10 = 1718\text{mm}$$

3）箍筋根数

$$洞宽范围内＝(1500 - 2 \times 50)/200 + 1 = 8 \text{ 根}$$
$$纵筋锚固长度内＝(950 - 100)/200 + 1 = 6 \text{ 根}$$

【例 4-9】 端部洞口连梁 LL5 施工图，见图 4-28。设混凝土强度为 C30，抗震等级为一级，计算连梁 LL5 中间层的各种钢筋。

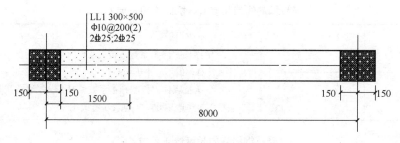

图 4-28 LL5 钢筋计算图

【解】

(1) 上、下部纵筋

$$计算公式＝净长＋左端柱内锚固＋右端直锚$$

$$左端支座锚固＝h_c－c＋15d＝300－15＋15×25＝660mm$$

$$右端直锚固长度＝\max(l_{aE}，600)$$

$$＝\max(38×25，600)$$

$$＝950mm$$

$$总长度＝1500＋660＋950＝3110mm$$

(2) 箍筋长度

$$2×[(300－2×15)＋(500－2×15)]＋2×11.9×10＝1718mm$$

(3) 箍筋根数

$$洞宽范围内＝(1500－2×50)/200＋1＝8\ 根$$

2. 剪力墙暗梁钢筋排布构造

剪力墙暗梁钢筋排布构造如图 4-29 所示。

下面讲述一下对构造图的理解：

(1) 暗梁箍筋外皮与剪力墙竖向钢筋外皮平齐，暗梁上部、下部纵筋在暗梁箍筋内侧设置，剪力墙水平分布筋作为暗梁侧面纵筋在暗梁箍筋外侧紧靠箍筋外皮连续配置。

(2) 剪力墙竖向分布筋连续通过暗梁高度范围。

(3) 暗梁箍筋从剪力墙构造边缘构件或约束边缘构件阴影区边缘 50mm 处开始设置，暗梁与楼面剪力墙连梁相连一端的箍筋设置到距门窗洞口边 100mm 处，暗梁与顶层剪力墙连梁相连一端的箍筋设置到与顶层连梁箍筋相连处。

(4) 施工中钢筋安装绑扎时，可将与暗梁下部纵筋在同一水平位置上的墙体分布筋向上或向下调整使其与暗梁下部纵筋间距为 50mm，其他墙身水平分布筋原位置不变。

(5) 施工时可将封闭箍筋弯钩位置设置于暗梁顶部，相邻两组箍筋弯钩位置沿暗梁纵向对称排布。

(6) 当楼层暗梁位于连梁腰部时，其钢筋排布构造要求与楼层暗梁位于连梁顶部时相同。

(7) 中间层暗梁的纵向钢筋及顶层暗梁的下部纵向钢筋，当伸入端支座的直锚长度≥l_{aE}(l_a) 时，可不必上下弯锚，但应伸至边缘构件外边竖向钢筋内侧位置。

3. 剪力墙边框梁钢筋排布构造

剪力墙边框梁钢筋排布构造如图 4-30 所示。

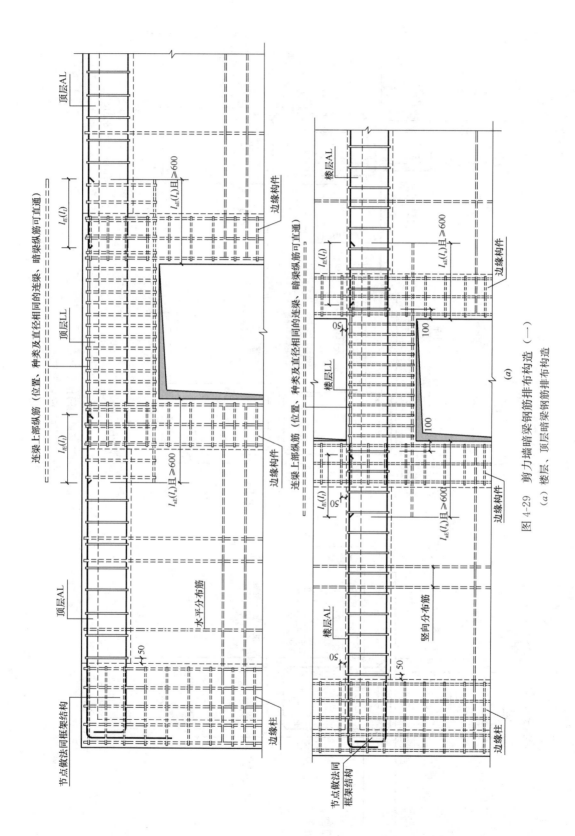

图 4-29 剪力墙暗梁钢筋排布构造（一）

(a) 楼层、顶层暗梁钢筋排布构造

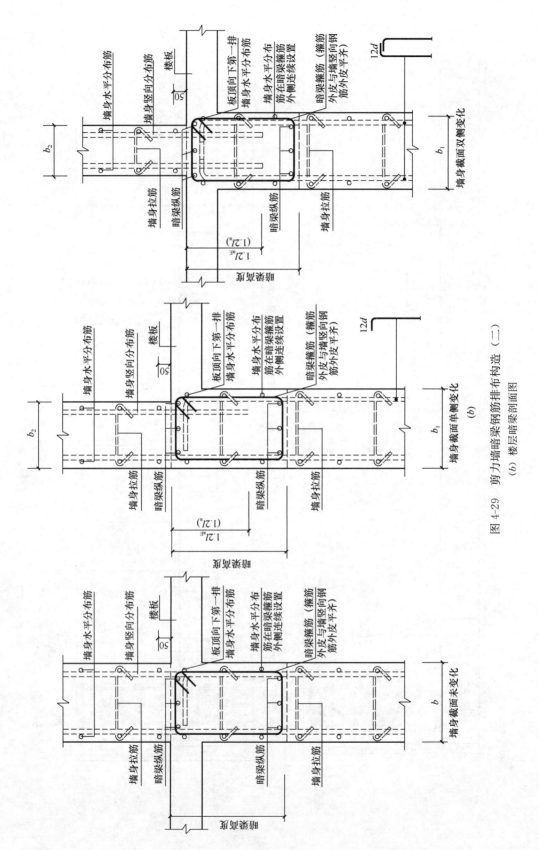

图 4-29　剪力墙暗梁钢筋排布构造（二）

(b) 楼层暗梁剖面图

178

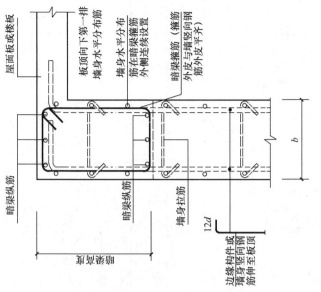

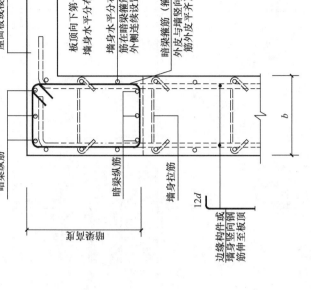

顶层中间墙位置

顶层边墙位置

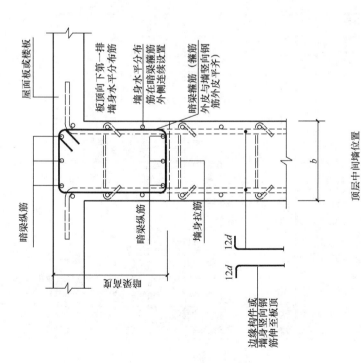

(c) 顶层暗梁剖面图

图 4-29 剪力墙暗梁暗梁钢筋排布构造 (三)

(c) 顶层暗梁钢筋排布剖面图

179

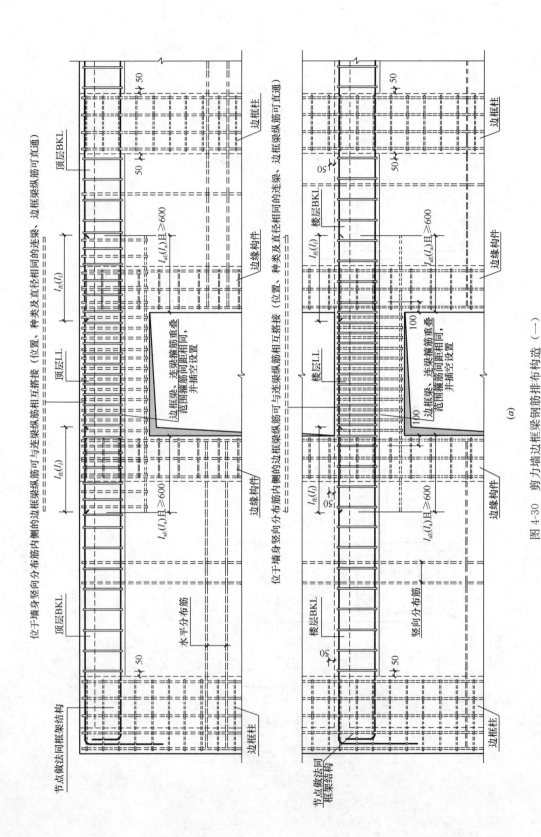

图 4-30 剪力墙边框梁钢筋排布构造（一）

(a) 楼层、顶层边框梁排布钢筋构造

(a)

180

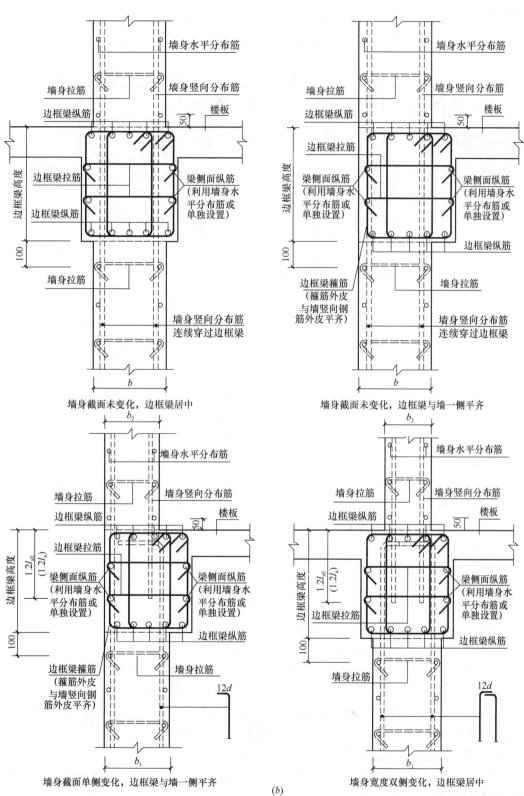

墙身截面未变化，边框梁居中

墙身截面未变化，边框梁与墙一侧平齐

墙身截面单侧变化，边框梁与墙一侧平齐

墙身宽度双侧变化，边框梁居中

(b)

图 4-30　剪力墙边框梁钢筋排布构造（二）

(b) 楼层边框梁剖面图

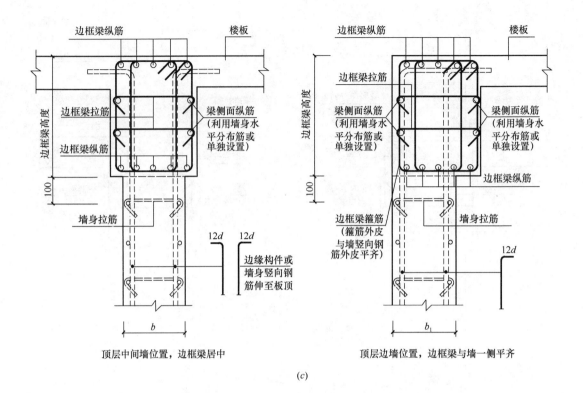

顶层中间墙位置，边框梁居中

顶层边墙位置，边框梁与墙一侧平齐

(c)

图 4-30　剪力墙边框梁钢筋排布构造（三）

(c) 顶层边框梁剖面图

下面讲述一下对构造图的理解：

（1）当边框梁与墙身侧面平齐时，平齐一侧边框梁箍筋外皮与剪力墙竖向钢筋外皮平齐，边框梁侧面纵筋在边框梁箍筋外侧紧靠箍筋外皮设置；当边框梁与墙身侧面不平齐时，边框梁侧面纵筋在边框梁箍筋内设置。边框梁侧面纵筋在边框柱内的锚固要求与墙身水平分布筋相同。

（2）剪力墙竖向分布筋连续通过边框梁高度范围。

（3）当边框梁与连梁顶部标高相同而底部标高不同时，边框梁下部纵筋在连梁范围连续贯通设置；边框梁上部位于墙身竖向分布筋外侧的纵筋在连梁范围连续贯通设置，位于墙身竖向分布筋内侧的边框梁纵筋可与连梁纵筋相互搭接为 l_{lE}（l_l）（位置、种类及直径相同的连梁、边框梁纵筋可直通）。

（4）当设计未单独设置边框梁侧面纵筋时，边框梁侧面纵筋及拉筋与墙身水平分布筋及拉筋规格相同，拉筋排布构造要求同连梁。连梁拉筋直径：当梁宽≤350mm 时为 6mm，梁宽>350mm 时为 8mm；拉筋水平间距为 2 倍箍筋间距，拉筋沿连梁侧面间距不大于侧面纵筋间距的 2 倍，相邻上下两排拉筋沿连梁纵向错开设置。

（5）边框梁箍筋距离边框柱边 50mm 处开始设置。

（6）施工时可将封闭箍筋弯钩位置设置于边框梁顶部，相邻两组箍筋弯钩位置沿边框梁纵向对称排布。

（7）当楼层边框梁位于连梁腰部时，其钢筋排布构造要求与楼层边框梁位于连梁顶部时相同。

（8）中间层边框梁的纵向钢筋及顶层边框梁的下部纵向钢筋，当伸入端支座的直锚长度$\geq l_{aE}$（l_a）时，可不必上下弯锚，但应伸至边框柱外边竖向钢筋内侧位置。

4. 连梁特殊钢筋排布构造

连梁特殊配筋构造如图 4-31 所示，钢筋排布构造如图 4-32 所示。

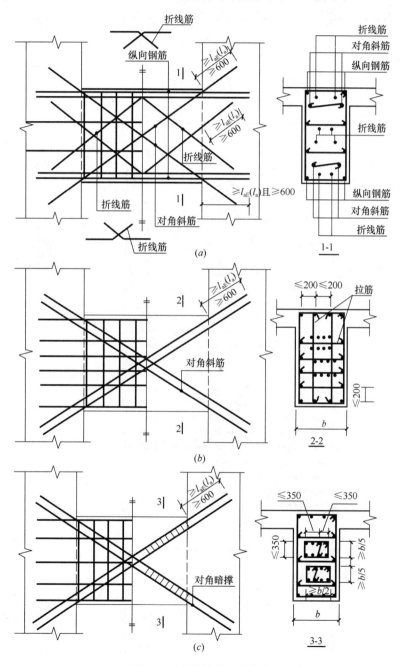

图 4-31　连梁特殊配筋构造

（a）连梁交叉斜筋配筋构造；（b）连梁集中对角斜筋配筋构造；（c）连梁对角暗撑配筋构造

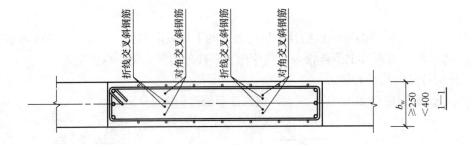

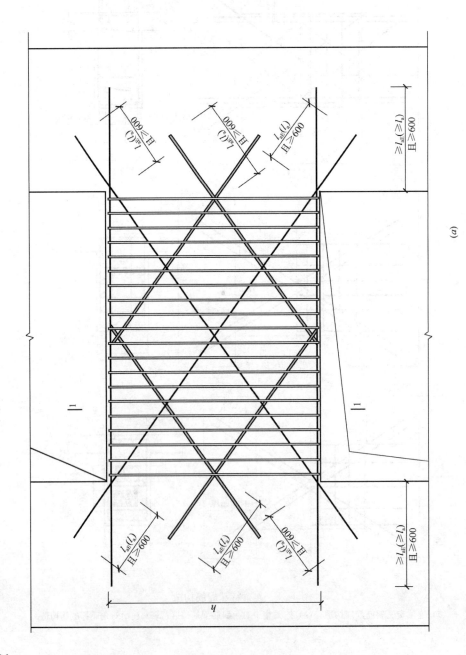

(a)

图 4-32　连梁特殊钢筋排布构造（一）

(a) 连梁交叉斜钢筋排布构造

184

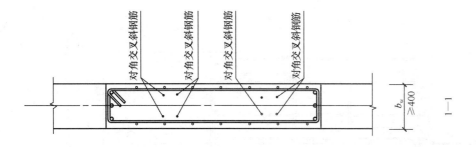

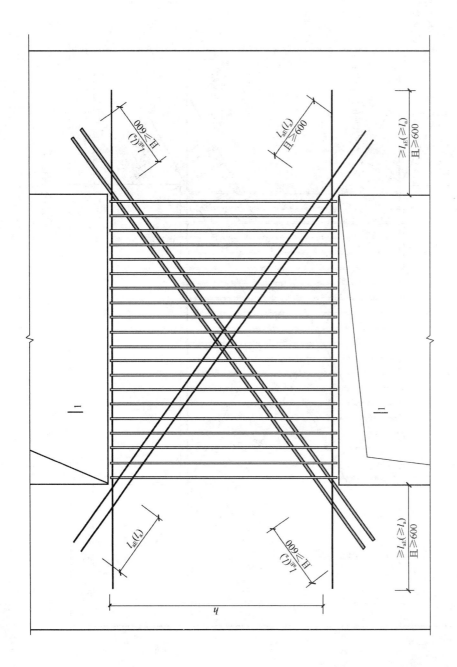

(b)

图 4-32 连梁特殊钢筋排布构造（二）

(b) 连梁集中对角斜钢筋排布构造

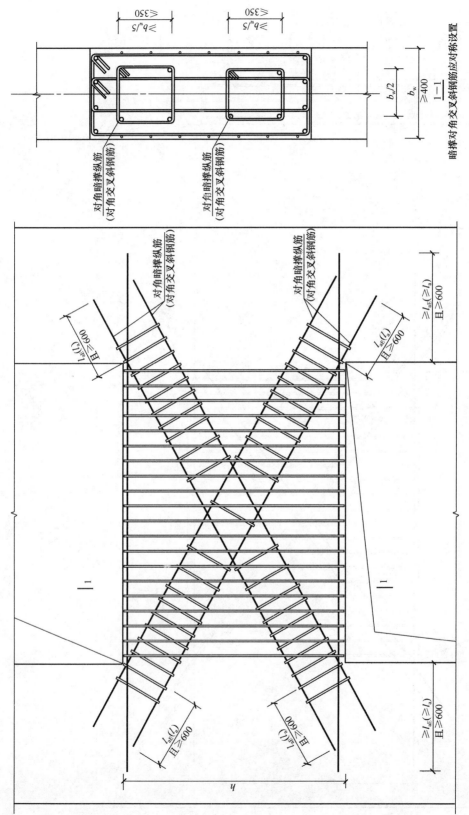

图 4-32　连梁特殊钢筋排布构造（三）

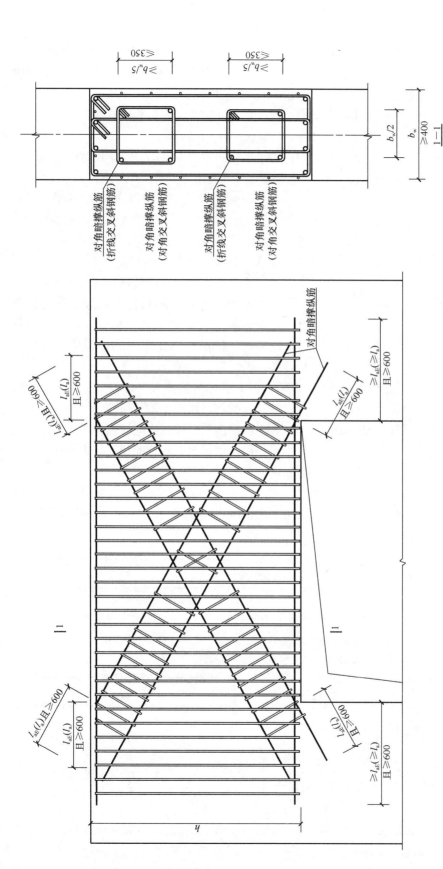

暗撑对角，折线交叉钢筋应对称设置

1—1

图 4-32 连梁特殊钢筋排布构造（四）

(c) 连梁对角暗撑钢筋排布构造

187

下面讲述一下对构造图的理解：

（1）当洞口连梁截面宽度不小于 250mm 时，可采用交叉斜筋配筋；当连梁截面宽度不小于 400mm 时，可采用集中对角斜筋配筋或对角暗撑配筋。

（2）集中对角斜筋配筋连梁应在梁截面内沿水平方向及竖直方向设置双向拉筋，拉筋应勾住外侧纵向钢筋，间距不应大于 200mm，直径不应小于 8mm。

（3）对角暗撑配筋连梁中暗撑箍筋的外缘沿梁截面宽度方向不宜小于梁宽的一半，另一方向不宜小于梁宽的 1/5；对角暗撑约束箍筋肢距不应大于 350mm。

（4）交叉斜筋配筋连梁，对角暗撑配筋连梁的水平钢筋及箍筋形成的钢筋网之间应采用拉筋拉结，拉筋直径不宜小于 6mm，间距不宜大于 400mm。

5. 剪力墙洞口钢筋排布构造

（1）剪力墙矩形洞口钢筋排布构造

剪力墙由于开矩形洞口，需补强钢筋，当设计注写补强纵筋具体数值时，按设计要求，当设计未注明时，依据洞口宽度和高度尺寸，按以下构造要求：

1）剪力墙方洞洞边尺寸不大于 800mm 时的洞口需补强钢筋，如图 4-33 所示。

补强钢筋面积：按每边配置两根不小于 12mm 且不小于同向被切断纵筋总面积的一半补强。

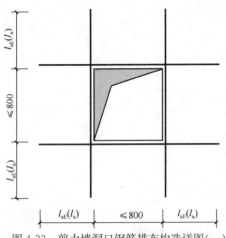

图 4-33　剪力墙洞口钢筋排布构造详图（一）
（方洞洞边尺寸不大于 800mm）

补强钢筋级别：补强钢筋级别与被截断钢筋相同。

补强钢筋锚固措施：补强钢筋两端锚入墙内的长度为 l_{aE}（l_a），洞口被切断的钢筋设置弯钩，弯钩长度为过墙中线加 $5d$（即墙体两面的弯钩相互交错 $10d$），补强纵筋固定在弯钩内侧。

2）剪力墙方洞洞边尺寸大于 800mm 时的洞口需补强暗梁，如图 4-34 所示，配筋具体数值按设计要求。

当洞口上边或下边为连梁时，不再重复补强暗梁，洞口竖向两侧设置剪力墙边缘构件。洞口被切断的剪力墙竖向分布钢筋设置弯钩，弯钩长度为 $15d$，在暗梁纵筋内侧锚入梁中。

（2）剪力墙圆形洞口补强钢筋构造

1）剪力墙圆形洞口直径不大于 300mm 时的洞口需补强钢筋。剪力墙水平分布筋与竖向分布筋遇洞口不截断，均绕洞口边缘通过；或按设计标注在洞口每侧补强纵筋，锚固长度为两边均不小于 l_{aE}（l_a），如图 4-35 所示。

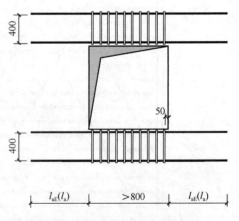

图 4-34　剪力墙洞口钢筋排布构造详图（二）
（剪力墙方洞洞边尺寸大于 800mm）

2）剪力墙圆形洞口直径大于 300mm 且小于等于 800mm 的洞口需补强钢筋。洞口每侧补强钢筋设计标注内容，锚固长度均应≥l_{aE}（l_a），如图 4-36 所示。

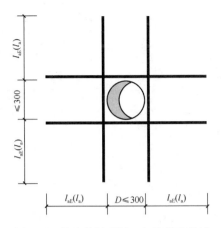

图 4-35　剪力墙圆形洞口钢筋排布构造
（圆形洞口直径不大于 300mm）

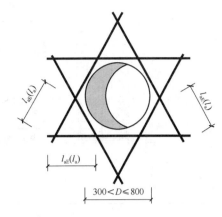

图 4-36　剪力墙圆形洞口钢筋排布构造
（圆形洞口直径大于 300mm 且小于等于 800mm）

3）剪力墙圆形洞口直径大于 800mm 时的洞口需补强钢筋。当洞口上边或下边为剪力墙连梁时，不再重复设置补强暗梁。洞口每侧补强钢筋设计标注内容，锚固长度均应≥max（l_{aE}，800mm），如图 4-37 所示。

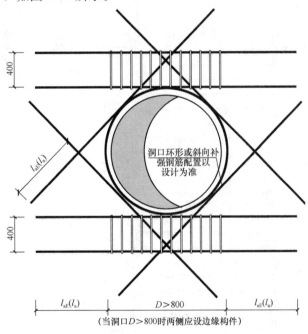

图 4-37　剪力墙圆形洞口钢筋排布构造
（圆形洞口直径大于 800mm）

（3）连梁中部洞口

连梁中部有洞口时，洞口边缘距离连梁边缘不小于 max（$h/3$，200mm）。洞口每侧补强纵筋与补强箍筋按设计标注，补强钢筋的锚固长度不小于 l_{aE}（l_a），如图 4-38 所示。

6. 框支梁钢筋排布构造

框支梁钢筋构造如图 4-39 所示，钢筋排布构造如图 4-40 所示。框支梁上墙体配筋构造如图 4-41 所示。

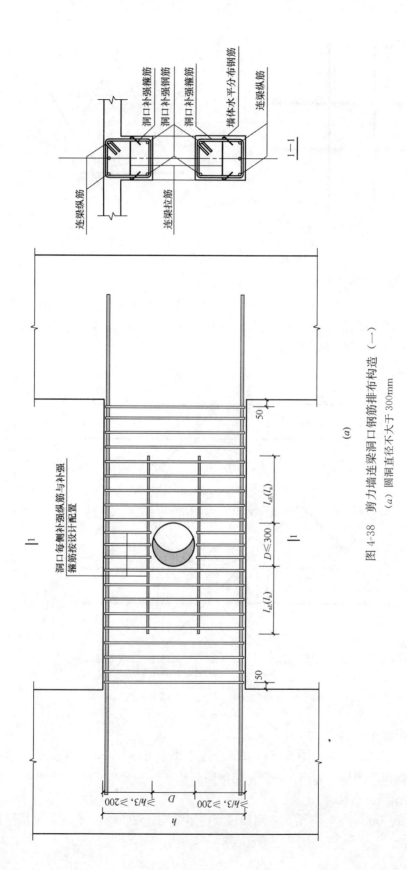

图 4-38　剪力墙连梁洞口钢筋排布构造 （一）

(a) 圆洞直径不大于 300mm

(a)

洞口补强箍筋
洞口补强钢筋
洞口补强箍筋
墙体水平分布钢筋
连梁纵筋
1—1

连梁纵筋
连梁拉筋

洞口每侧补强纵筋与补强
箍筋按设计配置

1
1

50
$l_{\mathrm{aE}}(l_{\mathrm{a}})$　$D\leqslant300$　$l_{\mathrm{aE}}(l_{\mathrm{a}})$　50

$\geqslant h/3, \geqslant 200$　D　$\geqslant h/3, \geqslant 200$
h

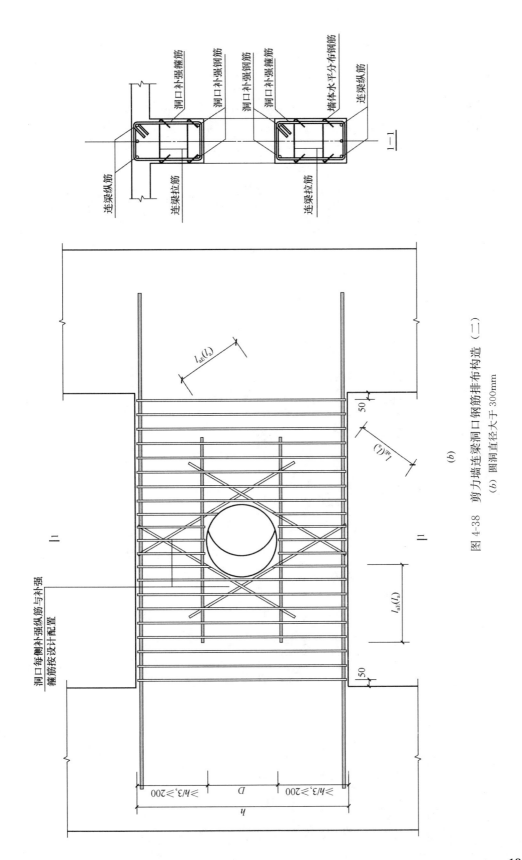

图 4-38 剪力墙连梁洞口钢筋排布构造（二）

(b) 圆洞直径大于 300mm

191

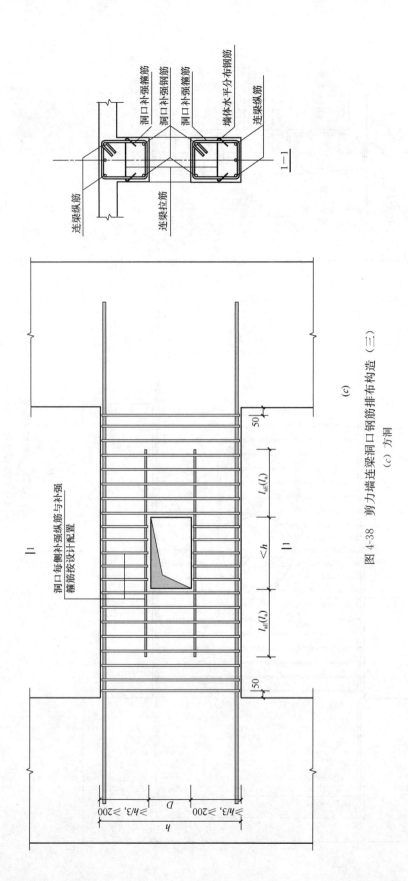

图 4-38 剪力墙连梁洞口钢筋排布构造 （三）

(c) 方洞

192

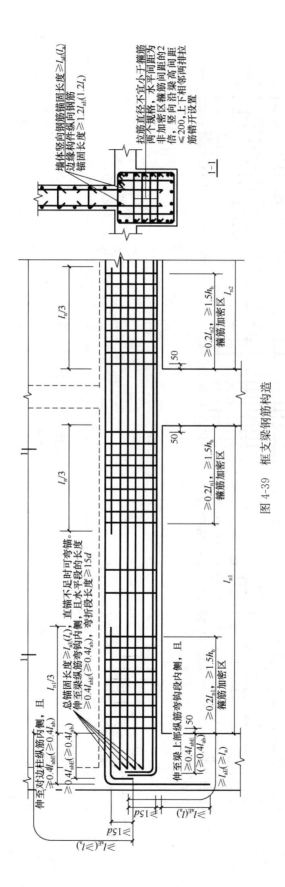

图 4-39　框支梁钢筋构造

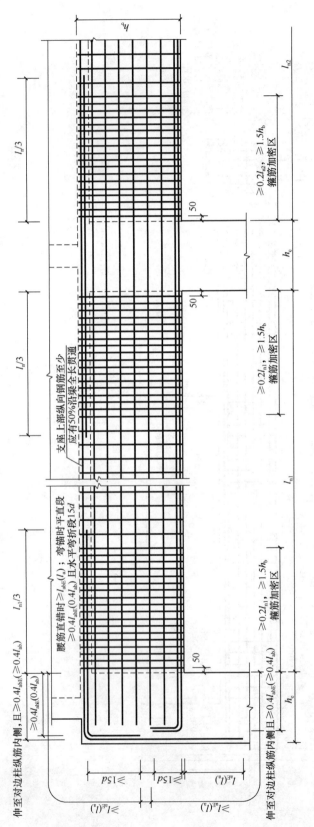

图 4-40 框支梁钢筋排布构造详图

194

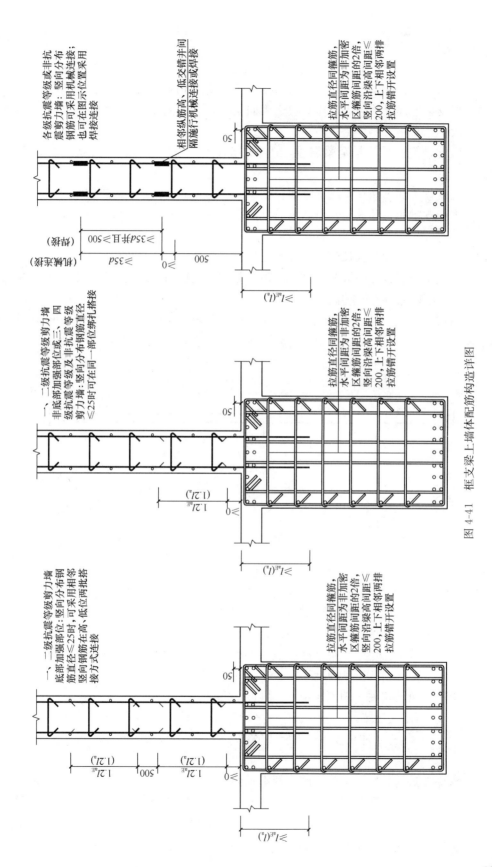

图 4-41 框支梁上墙体配筋构造详图

195

下面讲述一下对构造图的理解：

（1）框支梁第一排上部纵筋为通长筋。第二排上部纵筋在端支座附近断在 $l_{n1}/3$ 处，在中间支座附近断在 $l_n/3$ 处（l_{n1} 为本跨的跨度值；l_n 为相邻两跨的较大跨度值）。

（2）框支梁上部纵筋伸入支座对边之后向下弯锚，通过梁底线后再下插 l_{aE}（l_a），其直锚水平段≥$0.4l_{abE}$（≥$0.4l_{ab}$）。

（3）框支梁侧面纵筋是全梁贯通，在梁端部直锚长度≥$0.4l_{abE}$（≥$0.4l_{ab}$），弯折长度 $15d$。

（4）框支梁下部纵筋在梁端部直锚长度≥$0.4l_{abE}$（≥$0.4l_{ab}$），且向上弯折 $15d$。

（5）当框支梁的下部纵筋和侧面纵筋直锚长度≥l_{aE}（l_a）且≥$0.5h_c+5d$ 时，可不必向上或水平弯锚。

（6）框支梁箍筋加密区长度为≥$0.2l_{n1}$ 且≥$1.5h_b$（h_b 为梁截面高）。

（7）框支梁拉筋直径同箍筋，水平间距为非加密区箍筋间距的 2 倍，竖向沿梁高间距≤200，上下相邻两排拉筋错开设置。

【例 4-10】 KZL1（2）平法施工图，见图 4-42。试求 KZL1（2）的上、下部通长筋，支座负筋，箍筋长度及根数。其中，混凝土强度等级为 C30，抗震等级为一级。

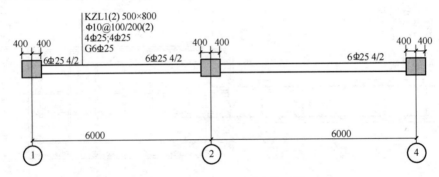

图 4-42 KZL1（2）平法施工图

【解】

由混凝土强度等级 C30 和一级抗震，查表 1-4 得：梁纵筋混凝土保护层厚度 $c_{梁}$＝20mm，支座纵筋钢筋混凝土保护层厚度 $c_{支座}$＝20mm。

（1）上部通长筋长度＝净长＋两端支座锚固

端支座锚固＝$h_c-c+h_b-c+l_{aE}$＝800－20＋800－20＋34×25＝2410mm

总长＝6000×2－800＋2×2410＝16020mm

（2）支座 1 负筋长度＝端支座锚固＋延伸长度

端支座锚固＝$h_c-c+15d$＝800－20＋15×25＝1155mm

延伸长度＝$l_n/3$＝（6000－800）/3＝1733mm

总长＝1155＋1733＝2888mm

（3）支座 2 负筋长度＝支座宽度＋两端延伸长度

延伸长度＝$l_n/3$＝（6000－800）/3＝1733mm

总长＝800＋1733×2＝4266mm

（4）支座 3 负筋：同支座 1 负筋。

（5）下部通长筋长度＝净长＋两端支座锚固

$$端支座锚固＝h_c-c+15d＝800-20+15×25＝1155mm$$

$$总长＝6000×2-800+2×1155＝13510mm$$

（6）箍筋长度＝周长＋2×11.9d

$$＝(500-40-10+800-40-10)×2+2×11.9×10$$

$$＝2638mm(''-10''是指计算至箍筋中心线)$$

（7）第1跨箍筋根数：

$$加密区长度＝max(0.2l_n,1.5h_b)＝max(0.2×5200,1.5×800)＝1200mm$$

$$加密区根数＝(1200)/100+1＝13 根$$

$$非加密区根数＝(5200-2400)/200-1＝13 根$$

$$总根数＝13×2+13＝39 根$$

（8）第2跨箍筋根数：同第一跨。

5 板

5.1 平法板的识图

5.1.1 有梁楼盖板的识图

有梁楼盖板平法施工图，系在楼面板和屋面板布置图上，采用平面注写的表达方式，如图 5-1 所示。板平面注写主要包括板块集中标注和板支座原位标注。

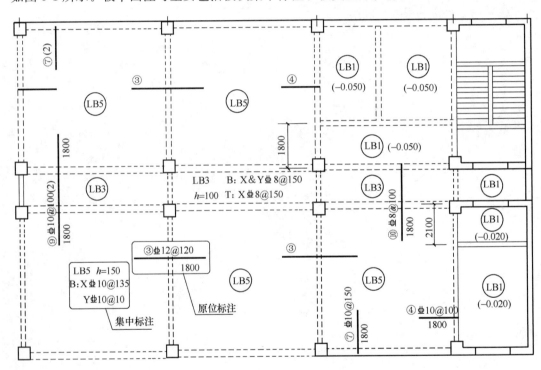

图 5-1 板平面表达方式

为方便设计表达和施工识图，规定结构平面的坐标方向为：
(1) 当两向轴网正交布置时，图面从左至右为 X 向，从下至上为 Y 向；
(2) 当轴网转折时，局部坐标方向顺轴网转折角度做相应转折；
(3) 当轴网向心布置时，切向为 X 向，径向为 Y 向。

此外，对于平面布置比较复杂的区域，如轴网转折交界区域、向心布置的核心区域等，其平面坐标方向应由设计者另行规定并在图上明确表示。

1. 板块集中标注

板块集中标注的内容包括板块编号，板厚，贯通纵筋，以及当板面标高不同时的标高高差。

（1）板块编号

首先来介绍下板块的定义。板块：对于普通楼盖，两向均以一跨为一板块；对于密肋楼盖，两向主梁（框架梁）均以一跨为一板块（非主梁密肋不计）。板块编号的表达方式见表5-1。

板 块 编 号   表 5-1

板类型	代号	序号
楼板	LB	××
屋面板	WB	××
悬挑板	XB	××

所有板块应逐一编号，相同编号的板块可择其一做集中标注，其他仅注写置于圆圈内的板编号，以及当板面标高不同时的标高高差。

（2）板厚

板厚的注写方式为 $h=×××$（为垂直于板面的厚度）；当悬挑板的端部改变截面厚度时，用斜线分隔根部与端部的高度值，注写方式为 $h=×××/×××$；当设计已在图注中统一注明板厚时，此项可不注。

（3）贯通纵筋

板构件的贯通纵筋，按板块的下部和上部分别注写（当板块上部不设贯通纵筋时则不注），并以 B 代表下部，以 T 代表上部，B&T 代表下部与上部；X 向贯通纵筋以 X 打头，Y 向贯通纵筋以 Y 打头，两向贯通纵筋配置相同时则以 X&Y 打头。

当为单向板时，分布筋可不必注写，而在图中统一注明。

当在某些板内（例如悬挑板 XB 的下部）配置有构造钢筋时，则 X 向以 Xc，Y 向以 Yc 打头注写。

当 Y 向采用放射配筋时（切向为 X 向，径向为 Y 向），设计者应注明配筋间距的定位尺寸。

当贯通筋采用两种规格钢筋"隔一布一"方式时，表达为 $\phi xx/yy@xxx$，表示直径为 xx 的钢筋和直径为 yy 的钢筋二者之间间距为 xxx，直径 xx 的钢筋的间距为 xxx 的 2 倍，直径 yy 的钢筋的间距为 xxx 的 2 倍。

【例 5-1】 有一楼面板块注写为：LB5 $h=110$

                      B：X Φ 12@120；Y Φ 10@110

表示 5 号楼面板，板厚 110，板下部配置的贯通纵筋 X 向为Φ 12@120，Y 向为Φ 10@110；板上部未配置贯通纵筋。

【例 5-2】 有一楼面板块注写为：LB5 $h=110$

                      B：X Φ 10/12@100；Y Φ 10@110

表示 5 号楼面板，板厚 110，板下部配置的贯通纵筋 X 向为Φ 10、Φ 12 隔一布一，Φ 10 与Φ 12 之间间距为 100；Y 向为Φ 10@110；板上部未配置贯通纵筋。

【例 5-3】 有一悬挑板注写为：XB2 $h=150/100$

                      B：Xc&Yc Φ 8@200

表示 2 号悬挑板，板根部厚 150，端部厚 100，板下部配置构造钢筋双向均为Φ 8@200

（上部受力钢筋见板支座原位标注）。

2. 板支座原位标注

板支座原位标注的内容为：板支座上部非贯通纵筋和悬挑板上部受力钢筋。

板支座原位标注的钢筋，应在配置相同跨的第一跨表达（当在梁悬挑部位单独配置时则在原位表达）。在配置相同跨的第一跨（或梁悬挑部位），垂直于板支座（梁或墙）绘制一段适宜长度的中粗实线（当该筋通长设置在悬挑板或短跨板上部时，实线段应画至对边或贯通短跨），以该线段代表支座上部非贯通纵筋，并在线段上方注写钢筋编号（如①、②等）、配筋值、横向连续布置的跨数（注写在括号内，且当为一跨时可不注。其中，（××）为横向布置的跨数，（××A）为横向布置的跨数及一端的悬挑梁部位，（××B）为横向布置的跨数及两端的悬挑梁部位。），以及是否横向布置到梁的悬挑端。

板支座上部非贯通筋自支座中线向跨内的伸出长度，注写在线段的下方位置。

当中间支座上部非贯通纵筋向支座两侧对称伸出时，可仅在支座一侧线段下方标注伸出长度，另一侧不注，如图 5-2 所示。

当向支座两侧非对称伸出时，应分别在支座两侧线段下方注写伸出长度，如图 5-3 所示。

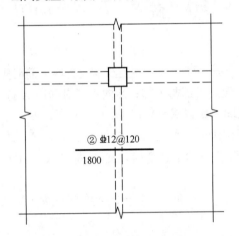

图 5-2　板支座上部非贯通筋对称伸出

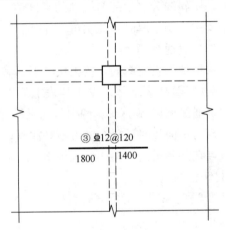

图 5-3　板支座上部非贯通筋非对称伸出

对线段画至对边贯通全跨或贯通全悬挑长度的上部通长纵筋，贯通全跨或伸出至全悬挑一侧的长度值不注，只注明非贯通筋另一侧的伸出长度值，如图 5-4 所示。

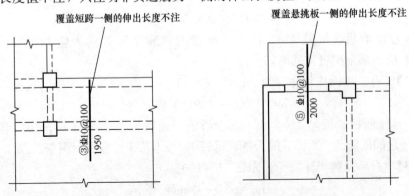

图 5-4　板支座上部非贯通筋贯通全跨或伸至悬挑端

当板支座为弧形，支座上部非贯通纵筋呈放射状分布时，设计者应注明配筋间距的度量位置并加注"放射分布"四字，必要时应补绘平面配筋图，如图 5-5 所示。

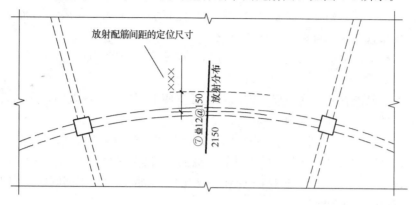

图 5-5　弧形支座处放射配筋

关于悬挑板的注写方式如图 5-6 所示。当悬挑板端部厚度不小于 150 时，设计者应指定板端部封边构造方式，当采用 U 形钢筋封边时，尚应指定 U 形钢筋的规格、直径。

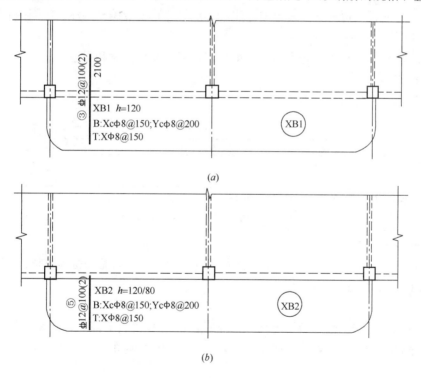

图 5-6　悬挑板支座非贯通筋
（a）悬挑板板厚一致；（b）悬挑板根部、端部厚度不同

在板平面布置图中，不同部位的板支座上部非贯通纵筋及悬挑板上部受力钢筋，可仅在一个部位注写，对其他相同者则仅需在代表钢筋的线段上注写编号及按本条规则注写横向连续布置的跨数即可。

【例 5-4】　在板平面布置图某部位，横跨支承梁绘制的对称线段上注有⑦Φ 12@100

（5A）和 1500，表示支座上部⑦号非贯通纵筋为Φ12@100，从该跨起沿支承梁连续布置 5 跨加梁一端的悬挑端，该筋自支座中线向两侧跨内的伸出长度均为 1500°在同一板平面布置图的另一部位横跨梁支座绘制的对称线段上注有⑦（2）者，系表示该筋同⑦号纵筋，沿支承梁连续布置 2 跨，且无梁悬挑端布置。

此外，与板支座上部非贯通纵筋垂直且绑扎在一起的构造钢筋或分布钢筋，应由设计者在图中注明。

当板的上部已配置有贯通纵筋，但需增配板支座上部非贯通纵筋时，应结合已配置的同向贯通纵筋的直径与间距采取"隔一布一"方式配置。

"隔一布一"方式，为非贯通纵筋的标注间距与贯通纵筋相同，两者组合后的实际间距为各自标注间距的 1/2。当设定贯通纵筋为纵筋总截面面积的 50%时，两种钢筋应取相同直径；当设定贯通纵筋大于或小于总截面面积的 50%时，两种钢筋则取不同直径。

5.1.2 无梁楼盖板的识图

无梁楼盖平法施工图，系在楼面板和屋面板布置图上，采用平面注写的表达方式。

板平面注写主要有板带集中标注、板带支座原位标注两部分内容，如图 5-7 所示。

集中标注应在板带贯通纵筋配置相同跨的第一跨（X 向为左端跨，Y 向为下端跨）注写。相同编号的板带可择其一做集中标注，其他仅注写板带编号（注在圆圈内）。

1. 板带集中标注

板带集中标注的具体内容为：板带编号，板带厚及板带宽和贯通纵筋。

（1）板带编号

板带编号的表达形式见表 5-2。

板带编号　　　　　　　　　　　　　　　表 5-2

板带类型	代号	序号	跨数及有无悬挑
柱上板带	ZSB	××	（××）、（××A）或（××B）
跨中板带	KZB	××	（××）、（××A）或（××B）

注：1. 跨数按柱网轴线计算（两相邻柱轴线之间为一跨）。
    2.（××A）为一端有悬挑，（××B）为两端有悬挑，悬挑不计入跨数。

（2）板带厚及板带宽

板带厚注写为 $h=×××$，板带宽注写为 $b=×××$。当无梁楼盖整体厚度和板带宽度已在图中注明时，此项可不注。

（3）贯通纵筋

贯通纵筋按板带下部和板带上部分别注写，并以 B 代表下部，T 代表上部，B&T 代表下部和上部。当采用放射配筋时，设计者应注明配筋间距的度量位置，必要时补绘配筋平面图。

【例 5-5】 设有一板带注写为：ZSB2（5A）　　　$h=300$　　　$b=3000$

B Φ16@100；T Φ18@200

表示 2 号柱上板带，有 5 跨且一端有悬挑；板带厚 300，宽 3000；板带配置贯通纵筋下部为Φ16@100，上部为Φ18@200。

（4）当局部区域的板面标高与整体不同时，应在无梁楼盖的板平法施工图上注明板面标高高差及分布范围。

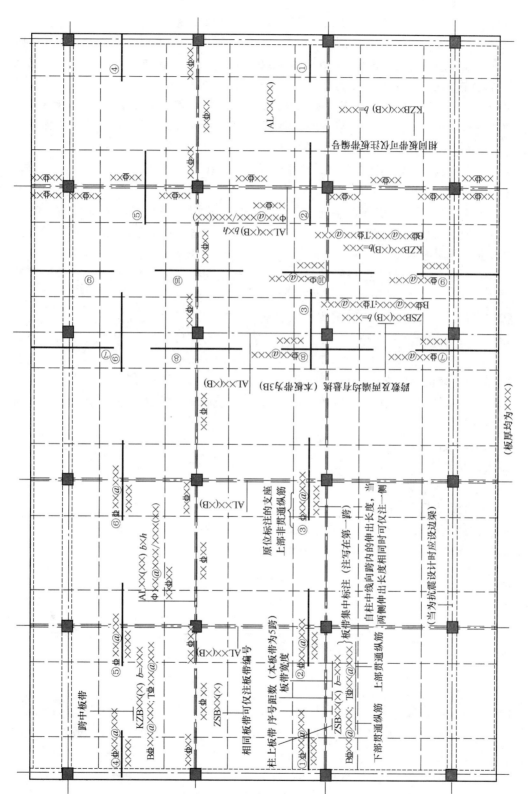

图 5-7 无梁楼盖板注写方式

2. 板带原位标注

板带支座原位标注的具体内容为：板带支座上部非贯通纵筋。

以一段与板带同向的中粗实线段代表板带支座上部非贯通纵筋；对柱上板带，实线段贯穿柱上区域绘制；对跨中板带：实线段横贯柱网轴线绘制。在线段上注写钢筋编号（如①、②等）、配筋值及在线段的下方注写自支座中线向两侧跨内的伸出长度。

当板带支座非贯通纵筋自支座中线向两侧对称伸出时，其伸出长度可仅在一侧标注；当配置在有悬挑端的边柱上时，该筋伸出到悬挑尽端，设计不注。当支座上部非贯通纵筋呈放射分布时，设计者应注明配筋间距的定位位置。

不同部位的板带支座上部非贯通纵筋相同者，可仅在一个部位注写，其余则在代表非贯通纵筋的线段上注写编号。

【例 5-6】 设有平面布置图的某部位，在横跨板带支座绘制的对称线段上注有⑦Φ18@250，在线段一侧的下方注有 1500。系表示支座上部⑦号非贯通纵筋为Φ18@250，自支座中线向两侧跨内的伸出长度均为 1500。

当板带上部已经配有贯通纵筋，但需增加配置板带支座上部非贯通纵筋时，应结合已配同向贯通纵筋的直径与间距，采取"隔一布一"的方式配置。

【例 5-7】 设有一板带上部已配置贯通纵筋Φ18@240，板带支座上部非贯通纵筋为⑤Φ18@240。则该板带在该位置实际配置的上部纵筋为Φ18@120，其中 1/2 为贯通纵筋，1/2 为⑤号非贯通纵筋（伸出长度略）。

【例 5-8】 设有一板带上部已配置贯通纵筋Φ18@240，板带支座上部非贯通纵筋为③Φ20@240。则板带在该位置实际配置的上部纵筋为Φ18 和Φ20 间隔布置，二者之间间距为 120（伸出长度略）。

3. 暗梁的表示方法

暗梁平面注写包括暗梁集中标注、暗梁支座原位标注两部分内容。施工图中在柱轴线处画中粗虚线表示暗梁。

（1）暗梁集中标注

暗梁集中标注包括暗梁编号、暗梁截面尺寸（箍筋外皮宽度×板厚）、暗梁箍筋、暗梁上部通长筋或架立筋四部分内容。暗梁编号见表 5-3。

暗梁编号 表 5-3

构件类型	代号	序号	跨数及有无悬挑
暗梁	AL	××	（××）、（××A）或（××B）

注：1. 跨数按柱网轴线计算（两相邻柱轴线之间为一跨）。

2.（××A）为一端有悬挑，（××B）为两端有悬挑，悬挑不计入跨数。

（2）暗梁支座原位标注

暗梁支座原位标注包括梁支座上部纵筋、梁下部纵筋。当在暗梁上集中标注的内容不适用于某跨或某悬挑端时，则将其不同数值标注在该跨或该悬挑端，施工时按原位注写取值。

当设置暗梁时，柱上板带及跨中板带标注方式与板带集中标注和板支座原位标注的内容一致。柱上板带标注的配筋仅设置在暗梁之外的柱上板带范围内。

204

暗梁中纵向钢筋连接、锚固及支座上部纵筋的伸出长度等要求同轴线处柱上板带中纵向钢筋。

5.2 普通板的钢筋排布构造

5.2.1 有梁楼盖楼面板、屋面板钢筋排布构造

有梁楼盖楼面板、屋面板钢筋排布构造如图 5-8 所示。

1. 端部支座为梁

当端部支座为梁时，楼板端部构造如图 5-9 所示。

下面讲述一下对构造图的理解：

（1）板上部贯通纵筋伸至梁外侧角筋的内侧弯钩，弯折长度为 $15d$。当设计按铰接时，弯折水平段长度 $\geqslant 0.35l_{ab}$；当充分利用钢筋的抗拉强度时，弯折水平段长度 $\geqslant 0.6l_{ab}$。

（2）板下部贯通纵筋在端部支座的直锚长度 $\geqslant 5d$ 且至少到梁中线；梁板式转换层的板，下部贯通纵筋在端部支座的直锚长度为 l_a。

2. 端部支座为剪力墙

当端部支座为剪力墙时，楼板端部构造如图 5-10 所示。

下面讲述一下对构造图的理解：

（1）板上部贯通纵筋伸至墙身外侧水平分布筋的内侧弯钩，弯折长度为 $15d$。弯折水平段长度为 $0.4l_{ab}$。

（2）板下部贯通纵筋在端部支座的直锚长度 $\geqslant 5d$ 且至少到墙中线。

3. 端部支座为砌体墙的圈梁

当端部支座为砌体墙的圈梁时，楼板端部构造如图 5-11 所示。

下面讲述一下对构造图的理解：

（1）板上部贯通纵筋伸至圈梁外侧角筋的内侧弯钩，弯折长度为 $15d$。当设计按铰接时，弯折水平段长度 $\geqslant 0.35l_{ab}$；当充分利用钢筋的抗拉强度时，弯折水平段长度 $\geqslant 0.6l_{ab}$。

（2）板下部贯通纵筋在端部支座的直锚长度 $\geqslant 5d$ 且至少到梁中线。

4. 端部支座为砌体墙

当端部支座为砌体墙时，楼板端部构造如图 5-12 所示。

板在端部支座的支承长度 $\geqslant 120mm$，$\geqslant h$（楼板的厚度）且 $\geqslant 1/2$ 墙厚。板上部贯通纵筋伸至板端部（扣减一个保护层），然后弯折 $15d$。板下部贯通纵筋伸至板端部（扣减一个保护层）。

5.2.2 不等跨板上部贯通纵向钢筋连接排布构造

不等跨板上部贯通纵向钢筋连接排布构造如图 5-13 所示。

下面讲述一下对构造图的理解：

（1）当相邻连续板的跨度相差大于 20% 时，板上部钢筋伸入跨内的长度应由设计确定。

（2）除本图所示分批搭接连接外，板上部纵筋在跨内也可分批采用机械连接，在连接区内也可分批采用焊接。各种连接方式，其各批连接的中点距离应符合图示对应要求。

（3）板贯通钢筋无论采用搭接连接，还是机械连接或焊接，其位于同一连接区段内的

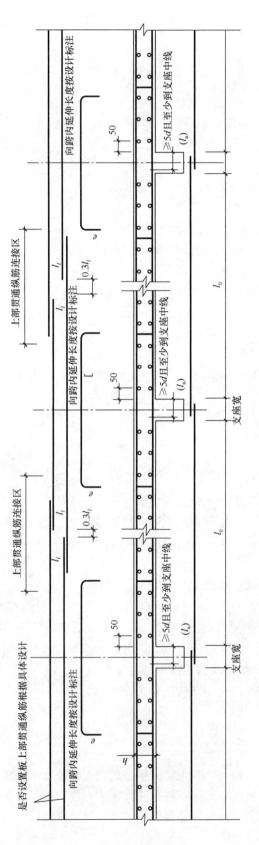

图5-8 有梁楼板、屋面板钢筋排布构造

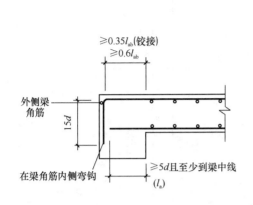

图 5-9　端部支座为梁

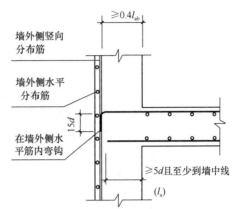

图 5-10　端部支座为剪力墙

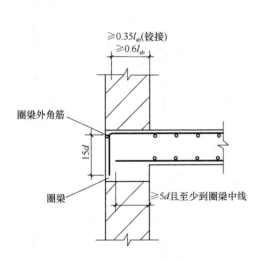

图 5-11　端部支座为砌体墙的圈梁

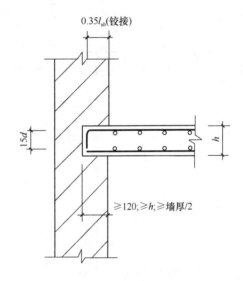

图 5-12　端部支座为砌体墙

钢筋接头面积百分率不应大于 50%。具体何种钢筋采用何种连接方式，应以设计要求为准。

（4）板相邻跨贯通钢筋配置不同时，应将配置较大者延伸到配置较小者跨中连接区域内连接。

（5）板上部通长设置的纵筋可在板跨［净跨－（左端非连接区长度＋右端非连接区长度）］范围内连接，在此范围内相邻纵筋连接接头应相互错开，位于同一连接区段纵向钢筋接头面积百分率不应大于 50%。某跨：［净跨－（左端非连接区长度＋右端非连接区长度）］≤0 时，此跨通长纵筋不设置接头并贯通本跨在其他跨连接。若某跨虽跨度较小，但在图示限定的连接范围内尚能满足一批连接的要求时，既可采用通长钢筋不设接头贯通本跨在其他跨连接的方式；也可采用通长钢筋分两批以上连接，其接头，一批设在本跨，其他批设在其他跨，并且采用彼此交错、间隔布置的排布方式。

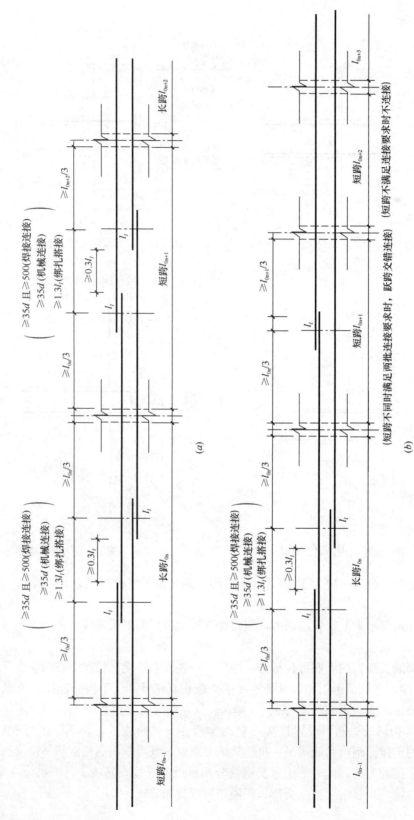

图 5-13 不等跨跨上部贯通纵向钢筋连接排布构造

(a) 短跨满足两批连接要求时；(b) 某短跨两批满足连接要求或不满足连接要求时

（6）当钢筋足够长时，板下部或上部通长筋，均可预先对照施工图，进行联跨合并计算，整根下料。现场将其按两批以上连接规定，交错并间隔排布，且分别通长跃跨延伸至钢筋端头所在跨位，依照图示限定范围，施行板上部或下部通长筋的连接或下部通长筋的锚固。

5.2.3 单（双）向板钢筋排布构造

单（双）向板配筋构造如图 5-14 所示，钢筋排布构造如图 5-15、图 5-16 所示。

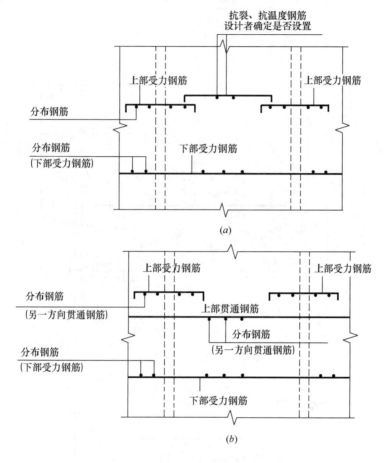

图 5-14 单（双）向板配筋示意
（a）分离式配筋；（b）部分贯通式配筋

下面讲述一下对构造图的理解：

（1）图中板支座均按梁绘制，当板支座为混凝土剪力墙、砌体墙圈梁时，板上、下部钢筋排布构造相同。

（2）双向板下部双向交叉钢筋上、下位置关系应按具体设计说明排布，当设计未说明时，短跨方向钢筋应置于长跨方向钢筋之下。

（3）图 5-15 中括号内的锚固长度适用于以下情形：

1）在梁板式转换层的板中，受力钢筋伸入支座的锚固长度应为 l_a。

2）当连续板内温度、收缩应力较大时，板下部钢筋伸入支座锚固长度应按受拉要求 l_a 锚固。

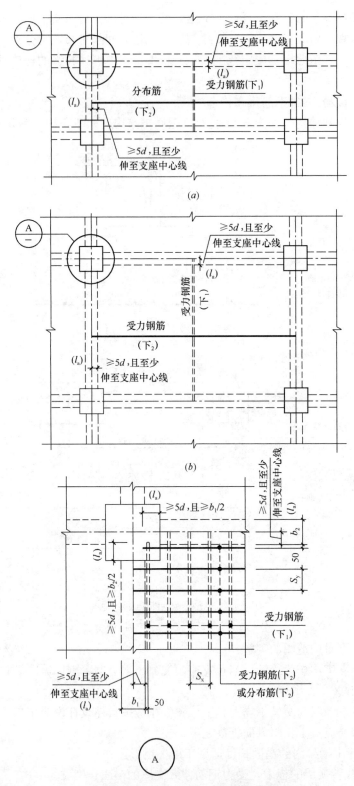

图 5-15 单（双）向板下部钢筋排布构造

(a) 单向板下部钢筋排布构造；(b) 双向板下部钢筋排布构造

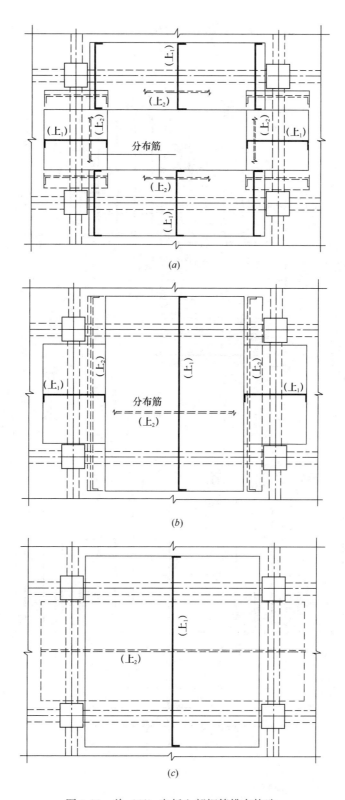

图 5-16 单(双)向板上部钢筋排布构造

(a) 板上部钢筋非贯通排布构造;(b) 板上部钢筋单向贯通排布构造;(c) 板上部钢筋双向贯通排布构造

（4）板角区无柱时，角区板上部钢筋排布构造如图 5-17～图 5-20 所示；板角区有柱时，角区柱角位置板上部钢筋排布构造如图 5-21～图 5-23 所示。

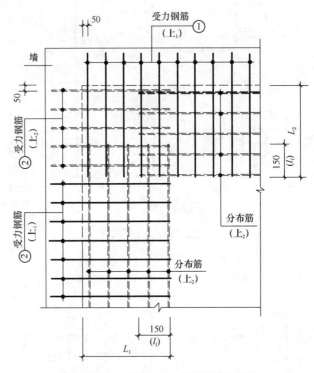

图 5-17　板 L 形角区上部钢筋排布构造

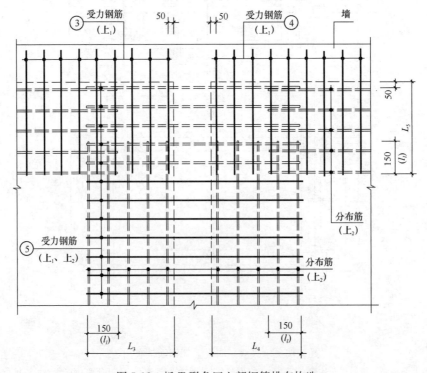

图 5-18　板 T 形角区上部钢筋排布构造

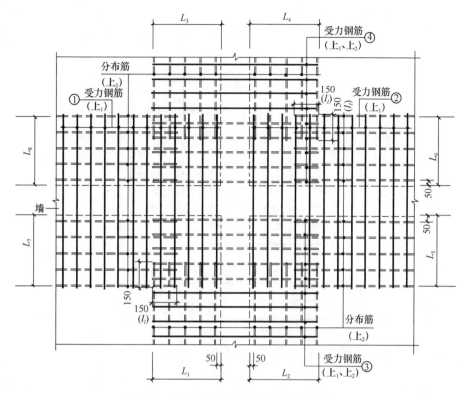

图 5-19　板十字形角区上部钢筋排布构造

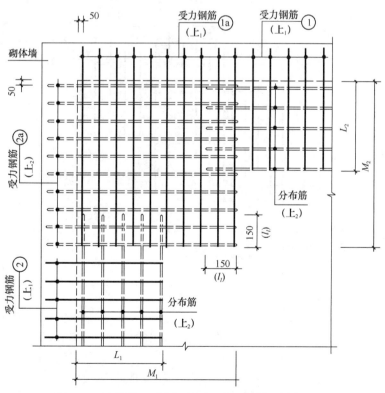

图 5-20　砌体墙 L 形角区板设置加强钢筋网排布构造

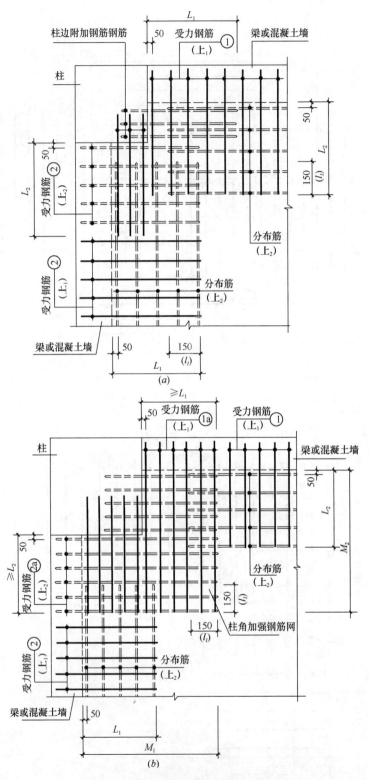

图 5-21　角柱位置板上部钢筋排布构造

(a) 柱角无加强钢筋网；(b) 柱角处设置加强钢筋网

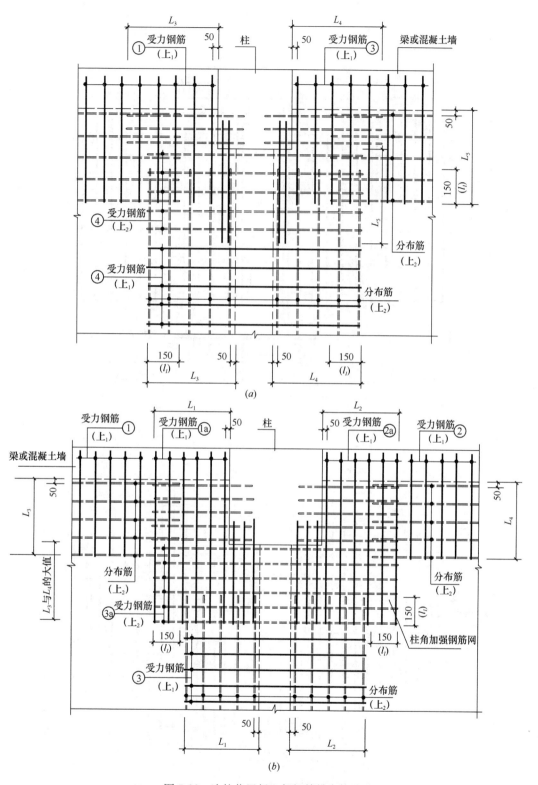

图 5-22 边柱位置板上部钢筋排布构造

(a) 柱角无加强钢筋网;(b) 柱角处设置加强钢筋网

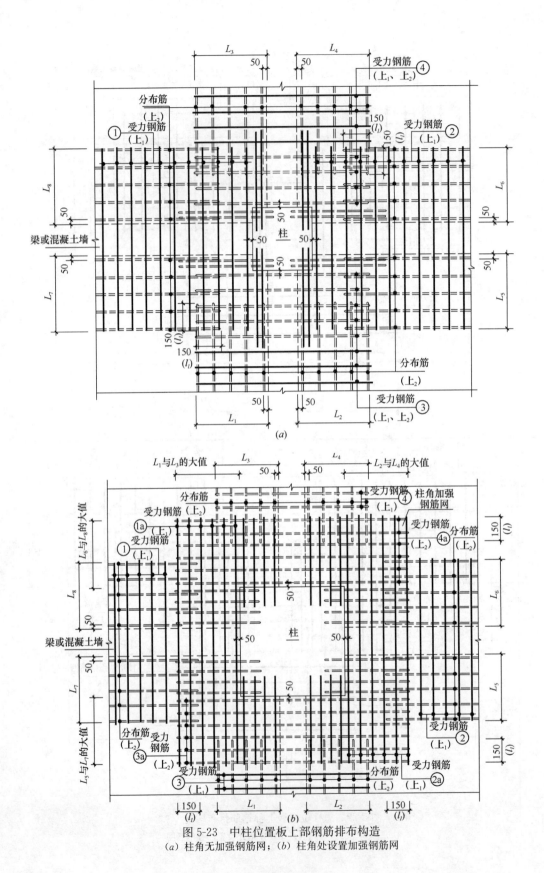

图 5-23　中柱位置板上部钢筋排布构造

(a) 柱角无加强钢筋网；(b) 柱角处设置加强钢筋网

（5）板上部受力钢筋应优先选择上₁层位置排布。当不同方向的板上部钢筋交叉时，其上下位置关系应按具体设计说明排布；当设计未说明时，交叉钢筋上下排布位置应根据图 5-16 原则并综合考虑钢筋排布整体方案需要确定。根据受力钢筋的排布结果，分布或构造钢筋可排布于受力钢筋之上或之下。

（6）板上部跨中设置抗温度、收缩钢筋时，其排布构造要求如下：

1）在温度、收缩应力较大的现浇板区域，应在板的表面双向配置防裂构造钢筋。板表面沿纵、横两个方向的配筋率均不宜小于 0.10%。间距不宜大于 200mm。

2）防裂构造钢筋应布置在板未配置此类钢筋的表面；具体配置应以设计要求为准。

3）防裂构造钢筋的最小配筋量可参照表 5-4 的要求选用；且实际配筋以设计为准。

防裂构造钢筋最小配筋量表　　　　　　　　　　表 5-4

板厚度 h/mm	$h \leqslant 140$	$140 < h \leqslant 180$	$180 < h \leqslant 250$
防温度、收缩裂缝构造钢筋配筋量	$\phi 6@200$	$\phi 6@150$ 或 $\phi 8@200$	$\phi 8@200$

4）如果条件具备，防裂构造钢筋可利用原有受力钢筋贯通布置。

5）非贯通的防裂构造钢筋与原有钢筋按受拉钢筋的要求搭接；或在周边构件中按设计要求锚固，如图 5-24 所示。

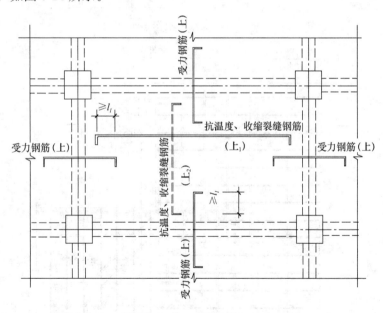

图 5-24　板上部防裂钢筋非贯通排布构造

5.2.4　悬挑板阴角钢筋排布构造

悬挑板阴角构造如图 5-25 所示，悬挑板阴角上部钢筋排布构造如图 5-26 所示，下部钢筋排布构造如图 5-27 所示。

下面讲述一下对构造图的理解：

（1）悬挑板与跨内板的上部钢筋贯通配置时，悬挑板阴角上部钢筋排布应优先选择图 5-26（a）方案；当选择图 5-26（b）方案时，应注意②钢筋对悬挑板有效计算厚度的影响。

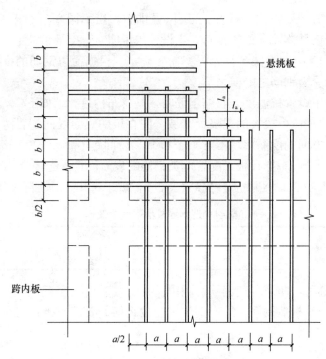

图 5-25 悬挑板阴角构造

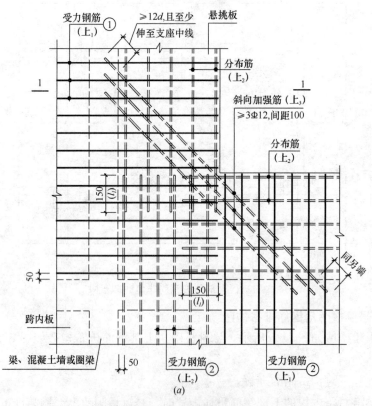

图 5-26 悬挑板阴角上部钢筋排布构造（一）

（a）延伸悬挑板（②号钢筋非转角处置于上₁位置，转角处置于上₂位置）

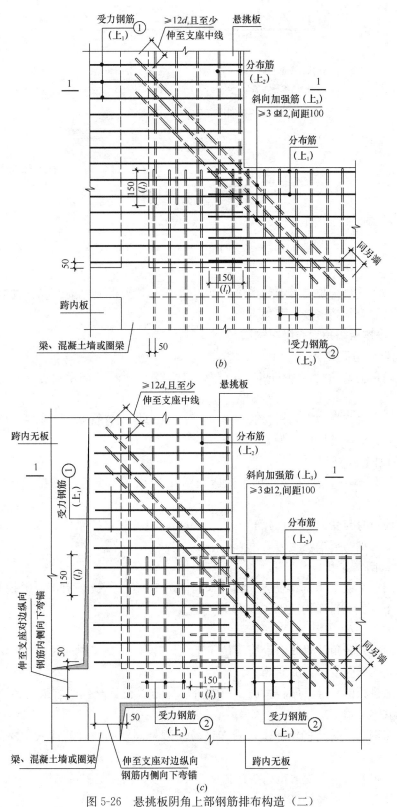

图 5-26 悬挑板阴角上部钢筋排布构造（二）

（b）延伸悬挑板（②号钢筋非转角处、转角处置于上₂位置）；（c）纯悬挑板；

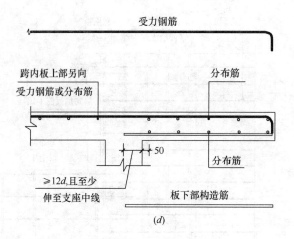

图 5-26　悬挑板阴角上部钢筋排布构造（三）

(d) 1-1 剖面

（2）板分布筋自身与受力钢筋搭接长度为 150mm，当板配置抗温度、收缩的钢筋时，分布筋自身与受力钢筋搭接长度为 l_l。

5.2.5　悬挑板阳角钢筋排布构造

1. 悬挑板阳角类型 A

悬挑板阳角类型 A 上部钢筋排布构造如图 5-28 所示，下部钢筋排布构造如图 5-29 所示。

板分布筋自身与受力钢筋搭接长度为 150mm，当板配置抗温度、收缩的钢筋时，分布筋自身与受力钢筋搭接长度为 l_l。

2. 悬挑板阳角类型 B

悬挑板阳角类型 B 上部钢筋排布构造如图 5-30 所示，下部钢筋排布构造如图 5-29 所示。

板分布筋自身与受力钢筋搭接长度为 150mm，当板配置抗温度、收缩的钢筋时，分布筋自身与受力钢筋搭接长度为 l_l。

3. 悬挑板阳角类型 C

悬挑板阳角类型 C 上部钢筋排布构造如图 5-31 所示，类型 C 上部放射钢筋构造如图 5-32 所示，下部钢筋排布构造如图 5-33 所示。

下面讲述一下对构造图的理解：

（1）悬挑板外转角位置放射钢筋③位于上₁层，设计、施工时应注意③钢筋排布对悬挑板局部钢筋实际高度位置的影响。

（2）当悬挑板的悬挑跨度较大时，宜在外转角位置设置悬挑梁，采用图 5-28 悬挑板阳角类型 A 的构造做法。

（3）附加钢筋①b规格同钢筋①，附加钢筋②b规格同钢筋②。其伸入支座的锚固长度不小于 l_a，并向下弯折至板底。

（4）板分布筋自身与受力钢筋搭接长度为 150mm，当板配置抗温度、收缩的钢筋时，分布筋自身及与受力钢筋搭接长度为 l_l。

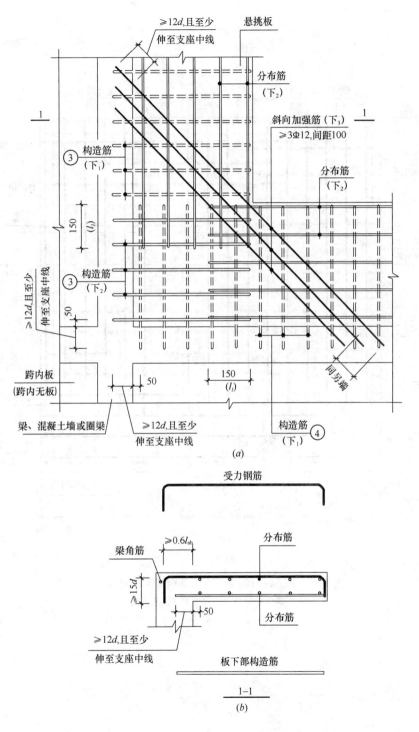

图 5-27 悬挑板阴角下部钢筋排布构造

(a) 纯悬挑板；(b) 1-1 剖面

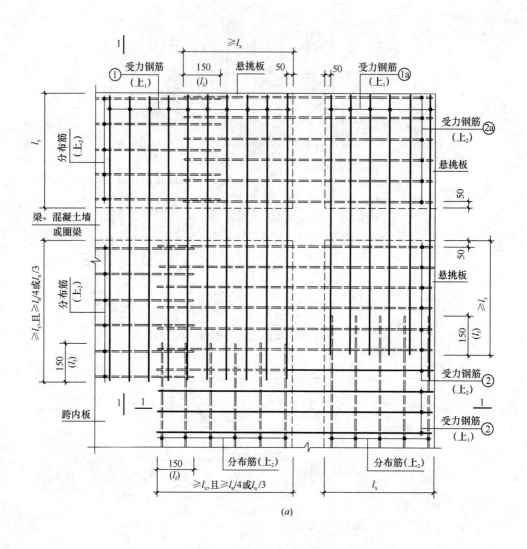

图 5-28　悬挑板阳角类型 A 上部钢筋排布构造（一）

（a）延伸悬挑板，跨内板上部钢筋不贯通

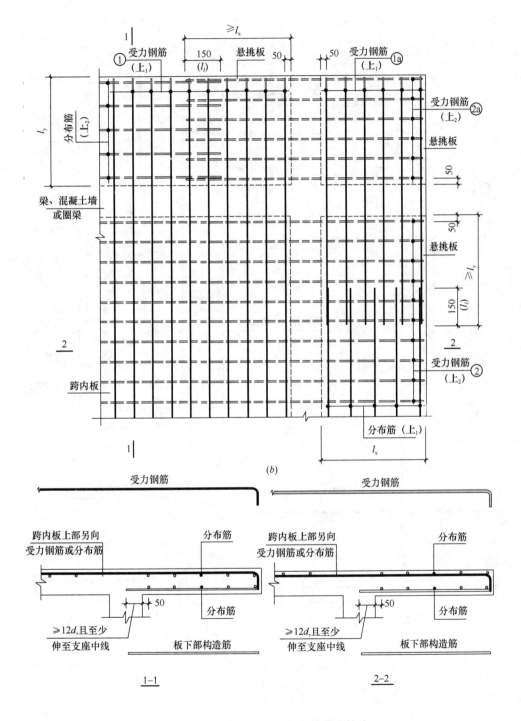

图 5-28 悬挑板阳角类型 A 上部钢筋排布构造（二）

(b) 延伸悬挑板，跨内板上部钢筋贯通

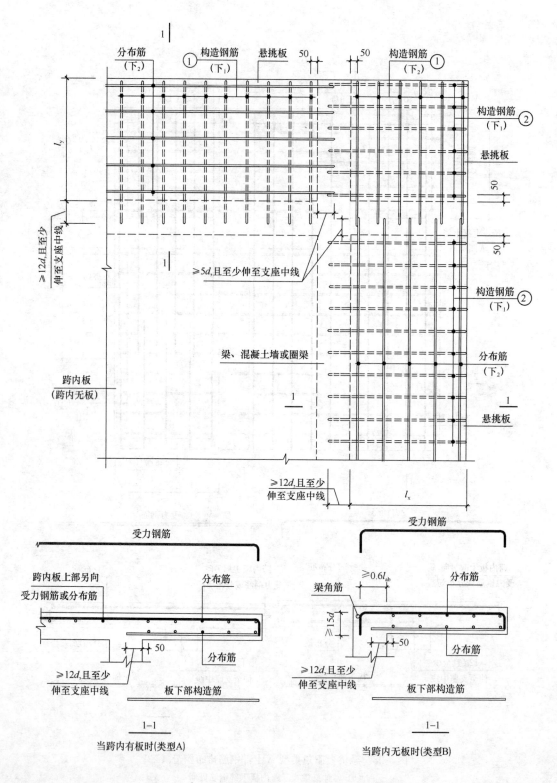

图 5-29 悬挑板阳角类型 A、B 下部钢筋排布构造

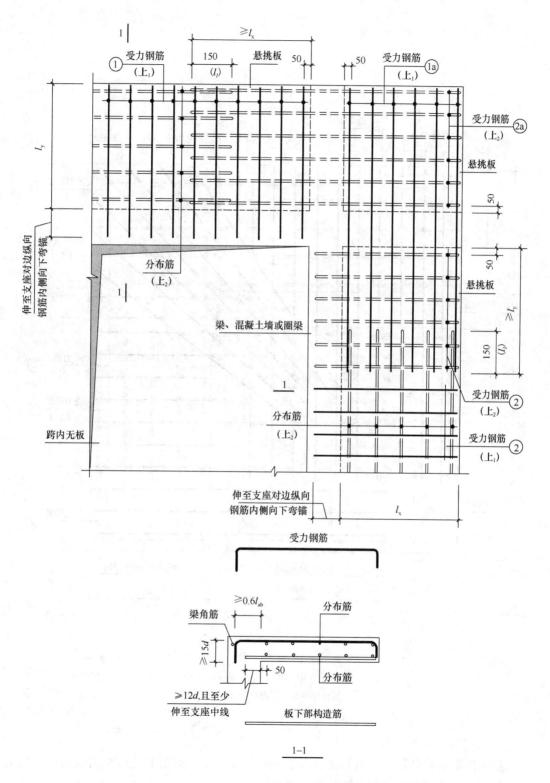

图 5-30 悬挑板阳角类型 B 上部钢筋排布构造

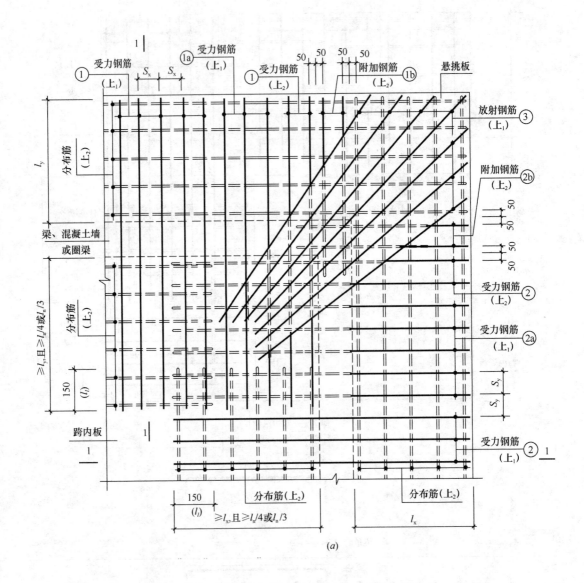

图 5-31　悬挑板阳角类型 C 上部钢筋排布构造（一）

(a) 延伸悬挑板，跨内板上部钢筋不贯通

4. 悬挑板阳角类型 D

悬挑板阳角类型 D 上部钢筋排布构造如图 5-34 所示，类型 D 上部放射钢筋构造如图 5-35 所示，下部钢筋排布构造如图 5-33 所示。

下面讲述一下对构造图的理解：

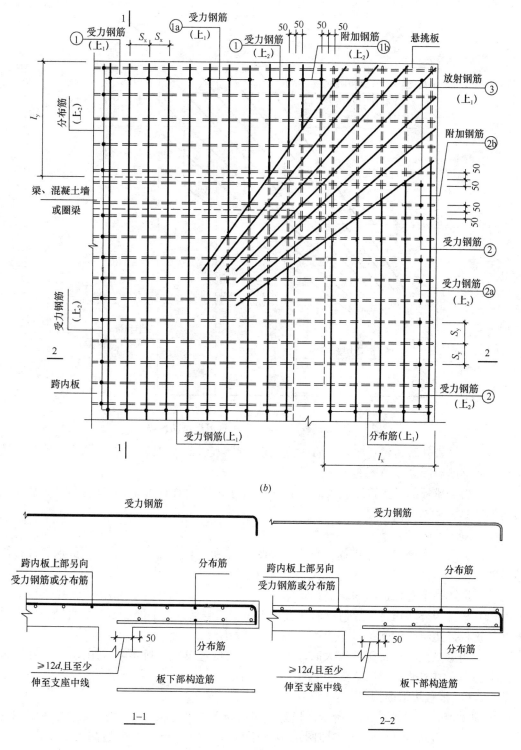

图 5-31 悬挑板阳角类型 C 上部钢筋排布构造（二）

（b）延伸悬挑板，跨内板上部钢筋贯通

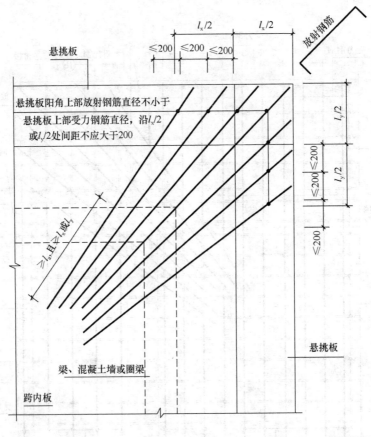

图 5-32　悬挑板阳角类型 C 上部放射钢筋构造

（1）悬挑板外转角位置放射钢筋③位于上$_1$层，设计、施工时应注意③钢筋排布对悬挑板局部钢筋实际高度位置的影响。

（2）当悬挑板的悬挑跨度较大时，宜在外转角位置设置悬挑梁，采用图 5-30 悬挑板阳角类型 B 的构造做法。

5. 悬挑板阳角类型 E

悬挑板阳角类型 E 上部钢筋排布构造如图 5-36 所示，类型 C、D、E 下部钢筋排布构造如图 5-33 所示。

下面讲述一下对构造图的理解：

（1）悬挑板外转角位置放射钢筋③直径不小于两侧悬挑板上部受力钢筋直径，放射钢筋在悬挑板外边缘处的间距 S 不大于 S_x 和 S_y 的较小值。

（2）当悬挑板的悬挑跨度较大时，宜在外转角位置设置悬挑梁，采用图 5-30 悬挑板阳角类型 B 的构造做法。

5.2.6　板翻边钢筋构造

板翻边钢筋构造如图 5-37 所示。板翻边可为上翻也可为下翻，翻边尺寸等在引注内容中表达，翻边高度在标准构造详图中为小于或等于 300mm。当翻边高度大于 300mm 时，由设计者自行处理。

5.2.7　板开洞钢筋排布构造

当矩形洞口边长和圆形洞直径小于 300mm 时，受力钢筋绕过孔洞，不另设补强钢

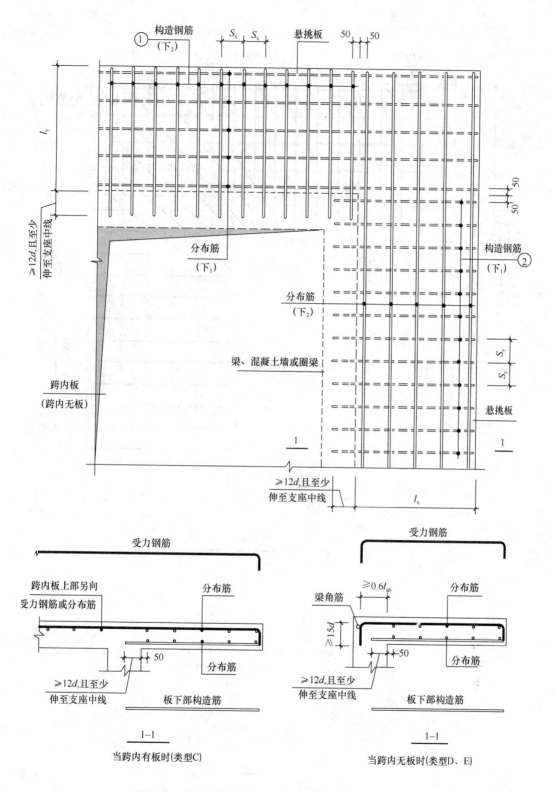

图 5-33 悬挑板阳角类型 C、D、E 下部钢筋排布构造

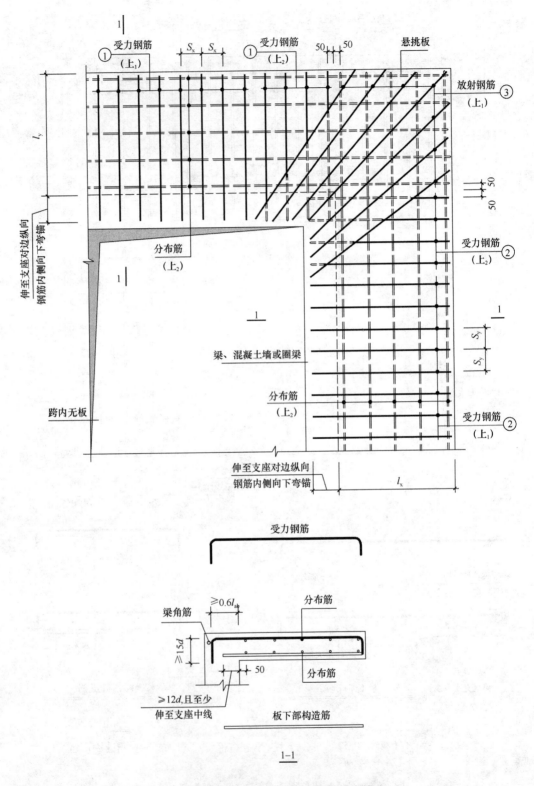

受力钢筋（上₁）
受力钢筋（上₂）
S_x S_x
50 50
悬挑板
放射钢筋（上₁） ③
受力钢筋（上₂） ②
50 50
50 50
l_y
分布筋（上₂）
伸至支座对边纵向钢筋内侧向下弯锚
梁、混凝土墙或圈梁
分布筋（上₂）
S_y
S_y
跨内无板
受力钢筋（上₁） ②
伸至支座对边纵向钢筋内侧向下弯锚
l_x

受力钢筋

≥0.6l_{ab}
分布筋
梁角筋
≥15d
50
分布筋
≥12d,且至少伸至支座中线
板下部构造筋

1—1

图 5-34 悬挑板阳角类型 D 上部钢筋排布构造

230

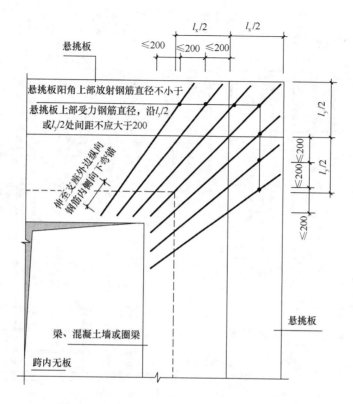

图 5-35 悬挑板阳角类型 D 上部放射钢筋构造

筋,如图 5-38 所示。

当矩形洞口边长或圆形洞口直径小于或等于 1000mm,且当洞边无集中荷载作用时,洞边补强钢筋可按标准构造的规定设置,设计不注,如图 5-39 和图 5-40 所示。

当洞口周边加强钢筋不伸至支座时,应在图中画出所有加强钢筋,并标注不伸至支座的钢筋长度。当具体工程所需要的补强钢筋与标准构造不同时,设计应加以注明。

当矩形洞口边长或圆形洞口直径大于 1000mm,或虽小于或等于 1000mm 但洞边有集中荷载作用时,设计应根据具体情况采取相应的处理措施。

【例 5-9】 LB4 平法施工图,如图 5-41 所示。试求 LB4 的板底筋。其中,混凝土强度等级为 C30,抗震等级为一级。

【解】

由混凝土强度等级 C30 和一级抗震,查表 1-4 得:梁钢筋混凝土保护层厚度 $c_{梁}=20mm$,板钢筋混凝土保护层厚度 $c_{板}=15mm$。

(1) ①号筋长度=净长+端支座锚固+弯钩长度

端支座锚固长度$=\max\ (h_b/2,\ 5d)\ =\max\ (150,\ 5\times10)\ =150mm$

180°弯钩长度$=6.25d$

总长$=3600-300+2\times150+2\times6.25\times10=3725mm$

(2) ②号筋 (右端在洞边上弯回折)

②号筋长度=净长+左端支座锚固+弯钩长度+右端上弯回折长度+弯钩长度

端支座锚固长度$=\max\ (h_b/2,\ 5d)\ =\max\ (150,\ 5\times10)\ =150mm$

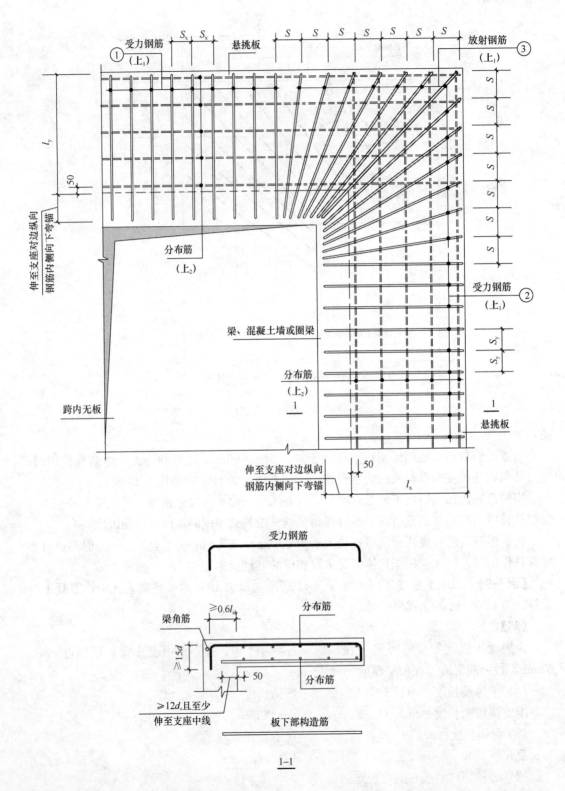

图 5-36　悬挑板阳角类型 E 上部钢筋排布构造

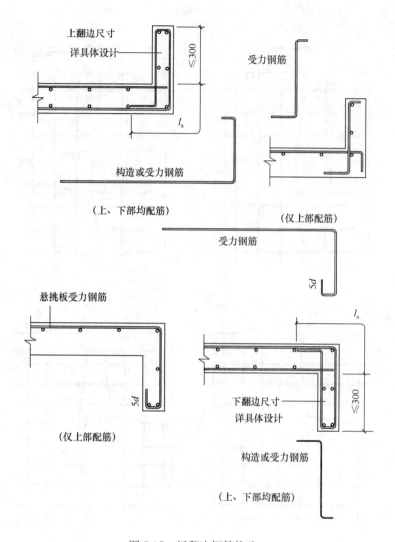

图 5-37　板翻边钢筋构造

180°弯钩长度＝6.25d

右端上弯回折长度＝120－2×15＋5×10＝140mm

总长＝(1500－150－15)＋(150＋6.25×10)＋(140＋6.25×10)＝1750mm

(3) ③号筋长度＝净长＋端支座锚固＋弯钩长度

端支座锚固长度＝max ($h_b/2$，5d) ＝max (150，5×10) ＝150mm

180°弯钩长度＝6.25d

总长＝6000－300＋2×150＋2×6.25×10＝6125mm

(4) ④号筋 (下端在洞边下弯)

④号筋长度＝净长＋上端支座锚固＋弯钩长度＋下端上弯回折长度＋弯钩长度

端支座锚固长度＝max ($h_b/2$，5d) ＝max (150，5×10) ＝150mm

180°弯钩长度＝6.25d

下端下弯长度＝120－2×15＋5×10＝140mm

总长＝(1000－150－15) ＋ (150＋6.25×10) ＋ (140＋6.25×10) ＝1250mm

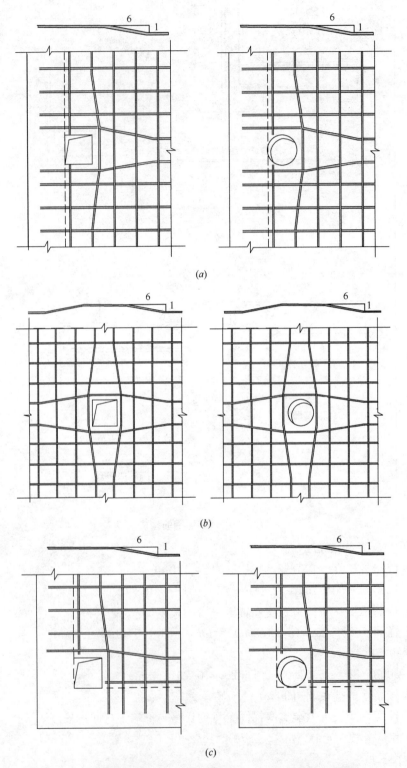

图 5-38　板开洞与洞边加强钢筋排布构造（洞边无集中荷载）

(a) 板边开洞；(b) 板中开洞；(c) 板角边开洞

234

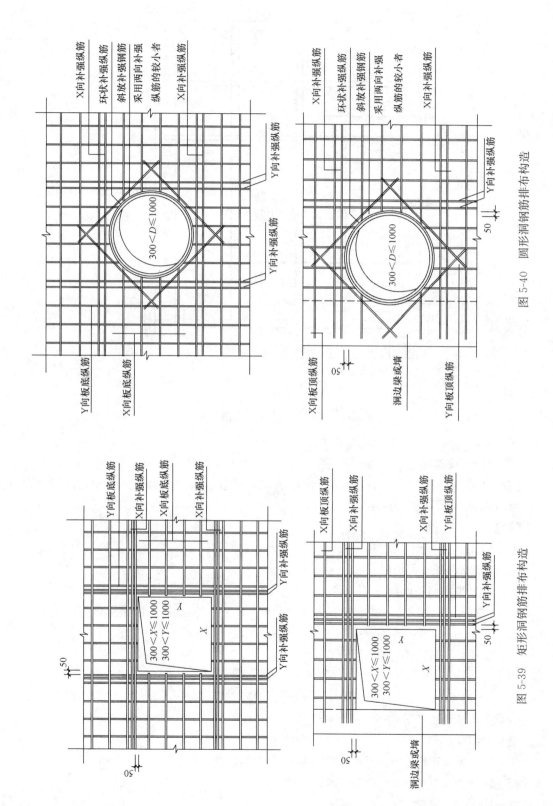

图 5-40　圆形洞钢筋排布构造

图 5-39　矩形洞钢筋排布构造

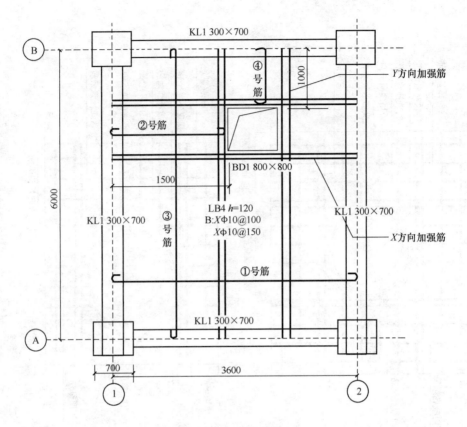

图 5-41 LB4 平法施工图

（5）X 方向洞口加强筋：同①号筋。

（6）Y 方向洞口加强筋：同③号筋。

【例 5-10】 LB5 平法施工图，如图 5-42 所示。试求 LB5 的板顶筋。其中，混凝土强度等级为 C30，抗震等级为一级。

【解】

由混凝土强度等级 C30 和一级抗震，查表 1-4 得：梁钢筋混凝土保护层厚度 $c_{梁}=$ 20mm，板钢筋混凝土保护层厚度 $c_{板}=$ 15mm。

（1）①号板顶筋长度＝净长＋端支座锚固

由于（支座宽－$c=300-20=280$mm）<（$l_a=29\times10=290$mm），故采用弯锚形式。

总长＝$3600-300+2\times(300-20+15\times10)=4160$mm

（2）②号板顶筋（右端在洞边下弯）

长度＝净长＋左端支座锚固＋右端下弯长度

由于（支座宽－$c=300-20=280$mm）<（$l_a=29\times10=290$mm），故采用弯锚形式。

右端下弯长度＝$120-2\times15=90$mm

总长＝$(1500-150-15)+300-20+15\times10+90=1855$mm

（3）③号板顶筋长度＝净长＋端支座锚固＋弯钩长度

端支座弯锚长度＝$300-20+15\times10=430$mm

总长＝$6000-300+2\times430=6580$mm

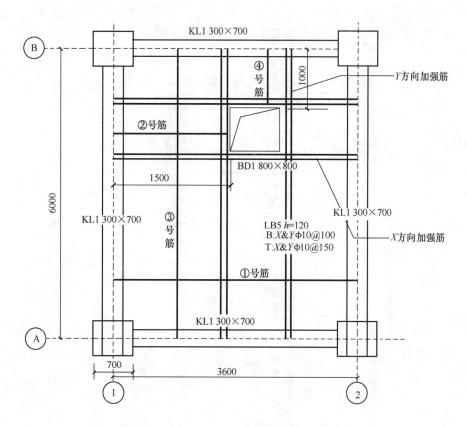

图 5-42 LB5 平法施工图

（4）④号板顶筋（下端在洞边下弯）

长度＝净长＋上端支座锚固＋下端下弯长度

端支座弯锚长度＝300－20＋15×10＝430mm

下端下弯长度＝120－2×15＝90mm

总长＝（1000－150－20）＋430＋90＝1350mm

（5）X方向洞口加强筋：同①号筋。

（6）Y方向洞口加强筋：同③号筋。

5.3 板柱楼盖的钢筋排布构造

5.3.1 柱上板带、跨中板带钢筋排布构造

柱上板带钢筋排布构造如图 5-43 所示。

下面讲述一下对构造图的理解：

（1）柱上板带上部贯通纵筋的连接区在跨中区域；上部非贯通纵筋向跨内延伸长度按设计标注；非贯通纵筋的端点就是上部贯通纵筋连接区的起点。

（2）当相邻等跨或不等跨的上部贯通纵筋配置不同时，应将配置较大者越过其标注的跨数终点或起点伸出至相邻跨的跨中连接区域连接。

跨中板带钢筋排布构造如图 5-44 所示。

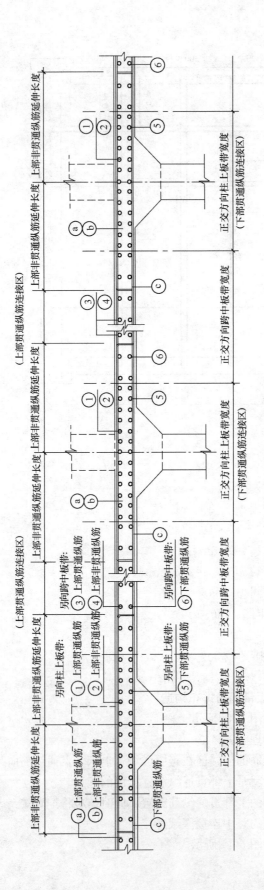

图 5-43 柱上板带纵向钢筋排布构造

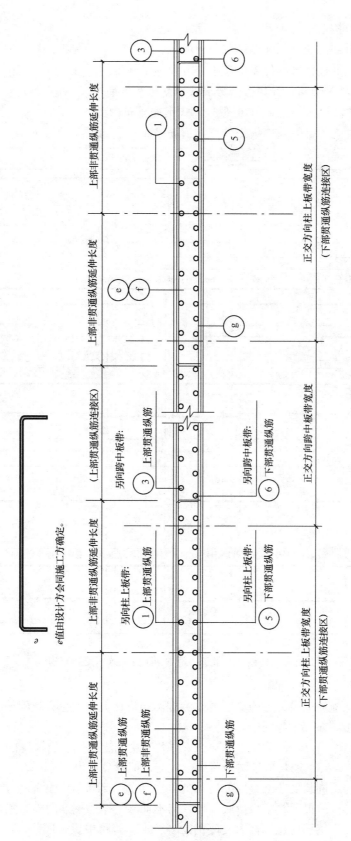

图 5-44 跨中板带纵向钢筋排布构造

下面讲述一下对构造图的理解：

（1）跨中板带上部贯通纵筋连接区在跨中区域。

（2）下部贯通纵筋连接区的位置就在正交方向柱上板带的下方。

5.3.2 无柱帽柱上板带、跨中板带分离式钢筋排布构造

1. 非抗震无柱帽柱上板带、跨中板带分离式钢筋排布构造

非抗震无柱帽柱上板带、跨中板带分离式钢筋排布构造如图 5-45 所示。

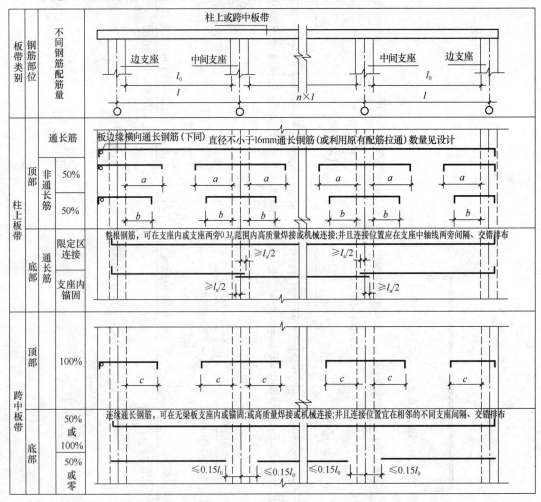

图 5-45　非抗震无柱帽柱上板带、跨中板带分离式钢筋排布构造

下面讲述一下对构造图的理解：

（1）各板带实际配筋以设计方施工图要求为准。当设计方采用分离式配筋方案时，钢筋排布构造不应低于图 5-45 的要求。

（2）图中 $a \geq 0.30l_0$；$b \geq 0.20l_0$；$c \geq 0.22l_0$。若某中间支座左、右邻跨的净跨值 l_0 不相同，该支座两旁 a、b、c 值均应按两净跨中较大的 l_0 值计算确定。

（3）通长钢筋、不同长度非通长钢筋应彼此间隔布置。若非通长钢筋总数为单数，a 长度筋应比 b 长度筋多一根。跨中板带底部伸入与不伸入支座的钢筋间隔布置。若底部筋总数为单数，伸入支座钢筋应比不伸入支座钢筋多一根。若跨中板带底部 100% 设定为伸

入支座的连续通长钢筋，则图表中不伸入支座的非连续通长钢筋数量对应为零。

（4）板带悬挑时，顶部钢筋应勾住板边缘横向通长钢筋。

（5）板顶或板底纵筋连接宜优先采用高质量焊接或机械连接。钢筋连接位置应避开受拉区。具体连接位置由设计确定。

（6）柱上板带板底排布在柱支座内的纵筋，既可只采用限定区连接，也可只采用在柱支座内锚固。排布在柱支座两旁其余的纵筋在各自对应板边支座内锚固。

2. 抗震无柱帽柱上板带、跨中板带分离式钢筋排布构造

抗震无柱帽柱上板带、跨中板带分离式钢筋排布构造如图 5-46 所示。

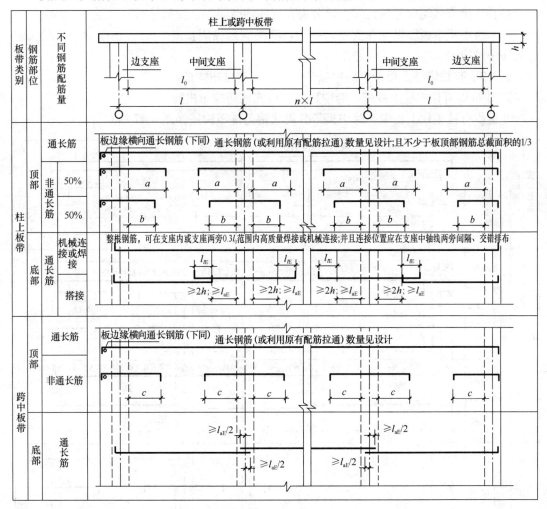

图 5-46　抗震无柱帽柱上板带、跨中板带分离式钢筋排布构造

下面讲述一下对构造图的理解：

（1）各板带实际配筋以设计方施工图要求为准。当设计方采用分离式配筋方案时，钢筋排布构造不应低于图 5-46 的要求。

（2）图 5-47 中 $a \geqslant 0.30l_0$；$b \geqslant 0.20l_0$；$c \geqslant 0.22l_0$。若某中间支座左、右邻跨的净跨值 l_0 不相同，该支座两旁 a、b、c 值均应按两净跨中较大的 l_0 值计算确定。

（3）通长钢筋、不同长度非通长钢筋应彼此间隔布置。若非通长钢筋总数为单数，a 长度筋应比 b 长度筋多一根。

（4）板带悬挑时，顶部钢筋应勾住板边缘横向通长钢筋。

（5）板顶或板底纵筋连接宜优先采用高质量焊接或机械连接。连接位置由设计确定。

抗震无柱帽柱上板带的板底纵筋，宜在距柱面 l_{aE} 并 $2h$（h 为板厚）以外连接；搭接方式仅用于暗梁或柱支座两旁其余的纵筋；当测算出某板的实际连接位置已超出 1/4 净跨，应及时通知设计方复核其是否处于受拉区；并应避开受拉区，按设计方对应要求施工。

各种连接方式均应分两批以上，分别在支座两旁间隔、交错施行。

（6）跨中板带板底纵筋在支座内锚固，除了满足锚固长度 l_{aE}，且还应满足其端头超过支座中轴线 $l_{aE}/2$。

5.3.3 有柱帽柱上板带、跨中板带分离式钢筋排布构造

1. 非抗震有柱帽柱上板带、跨中板带分离式钢筋排布构造

非抗震有柱帽柱上板带、跨中板带分离式钢筋排布构造如图 5-47 所示。

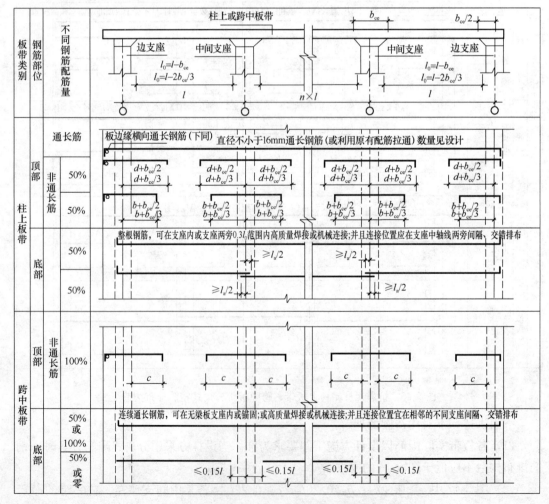

图 5-47　非抗震有柱帽柱上板带、跨中板带分离式钢筋排布构造

下面讲述一下对构造图的理解：

（1）各板带实际配筋以设计方施工图要求为准。当设计方采用分离式配筋方案时，钢筋排布构造不应低于图 5-47 的要求。

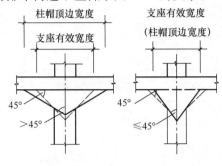

图 5-48　柱帽支座有效宽度示意图

（2）图 5-47 中 $d \geqslant 0.33 l_0$；$b \geqslant 0.20 l_0$；$c \geqslant 0.22 l_0$。b_{ce}——柱帽顶边宽度。$l_0 = l -$ 支座有效宽度。当柱帽斜边垂直夹角不大于 45°，支座有效宽度为 b_{ce}。当柱帽斜边垂直夹角大于 45°，支座有效宽度取 $2 b_{ce}/3$。柱帽支座有效宽度如图 5-48 所示。若设计提供柱帽的支座有效宽度值，以设计数值为准。若某中间支座左、右邻跨的净跨值 l_0 不相同，该支座两旁 d、b、c 值均应按两净跨中较大的 l_0 值计算确定。

（3）通长钢筋、不同长度非通长钢筋应彼此间隔布置。若非通长钢筋总数为单数，d 长度筋应比 b 长度筋多一根。跨中板带底部伸入与不伸入支座的钢筋间隔布置。若底部筋总数为单数，伸入支座钢筋应比不伸入支座钢筋多一根。若跨中板带底部 100% 设定为伸入支座的连续通长钢筋，则图表中不伸入支座的非连续通长钢筋数量对应为零。

（4）板顶或板底纵筋连接宜优先采用高质量焊接或机械连接。钢筋连接位置应避开受拉区。具体连接位置由设计确定。

2. 抗震有柱帽柱上板带、跨中板带分离式钢筋排布构造

抗震有柱帽柱上板带、跨中板带分离式钢筋排布构造如图 5-49 所示。

下面讲述一下对构造图的理解：

（1）各板带实际配筋以设计方施工图要求为准。当设计方采用分离式配筋方案时，钢筋排布构造不应低于图 5-49 的要求。

（2）图 5-49 中 $d \geqslant 0.33 l_0$；$b \geqslant 0.20 l_0$；$c \geqslant 0.22 l_0$。b_{ce}——柱帽顶边宽度。$l_0 = l -$ 支座有效宽度。当柱帽斜边垂直夹角不大于 45°，支座有效宽度为 b_{ce}。当柱帽斜边垂直夹角大于 45°，支座有效宽度取 $2 b_{ce}/3$。柱帽支座有效宽度如图 5-48 所示。若设计提供柱帽的支座有效宽度值，以设计数值为准。若某中间支座左、右邻跨的净跨值 l_0 不相同，该支座两旁 d、b、c 值均应按两净跨中较大的 l_0 值计算确定。

（3）柱上板带顶部纵筋排布时，应将通长筋设定在板带两边和中轴部位，其余部位通长筋与两种不同非通长筋间隔布置。非通长钢筋中的 d 长度筋与 b 长度筋间隔布置。非通长钢筋总数为单数，d 长度筋应比 b 长度筋多一根。

（4）板带悬挑时，顶部钢筋应勾住板边缘横向通长钢筋。

（5）板顶或板底纵筋连接宜优先采用高质量焊接或机械连接。钢筋连接位置应避开受拉区。具体连接位置由设计确定。各种连接方式均应分两批以上，分别在支座两旁间隔、交错施行。

（6）柱上板带板底排布在柱支座内的纵筋，既可只采用限定区连接，也可只采用在柱支座内锚固。排布在柱支座两旁其余的纵筋在各自对应板边支座内锚固。

（7）各种板带板底纵筋在支座内锚固，除了满足锚固长度 l_{aE}，且还应满足其端头超过支座中轴线 $l_{aE}/2$。

243

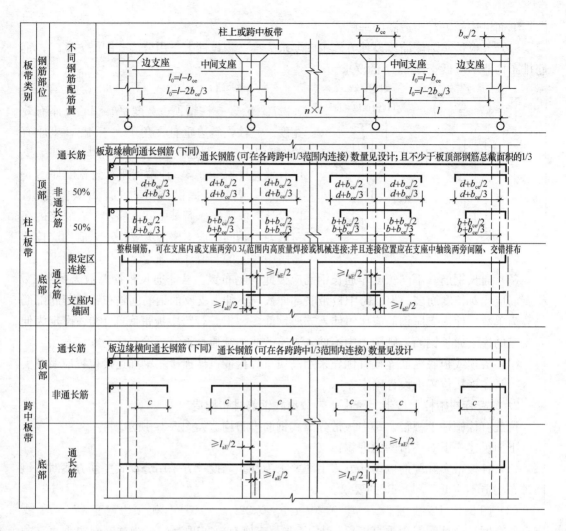

图 5-49　抗震有柱帽柱上板带、跨中板带分离式钢筋排布构造

5.3.4　有托板柱上板带、跨中板带分离式钢筋排布构造

1. 非抗震有托板柱上板带、跨中板带分离式钢筋排布构造

非抗震有托板柱上板带、跨中板带分离式钢筋排布构造如图 5-50 所示。

下面讲述一下对构造图的理解：

（1）各板带实际配筋以设计方施工图要求为准。当设计方采用分离式配筋方案时，钢筋排布构造不应低于图 5-50 的要求。

（2）图 5-50 中 $d \geqslant 0.33 l_0$；$b \geqslant 0.20 l_0$；$c \geqslant 0.22 l_0$。$l_0 = l -$ 支座有效宽度。支座有效宽度由设计确定。若某中间支座左、右邻跨的净跨值 l_0 不相同，该支座两旁 d、b、c 值均应按两净跨中较大的 l_0 值计算确定。

（3）通长钢筋、不同长度非通长钢筋应彼此间隔布置。若非通长钢筋总数为单数，d 长度筋应比 b 长度筋多一根。跨中板带底部伸入与不伸入支座的钢筋间隔布置。若底部筋总数为单数，伸入支座钢筋应比不伸入支座钢筋多一根。若跨中板带底部 100% 设定为伸入支座的连续通长钢筋，则图表中不伸入支座的非连续通长钢筋数量对应为零。

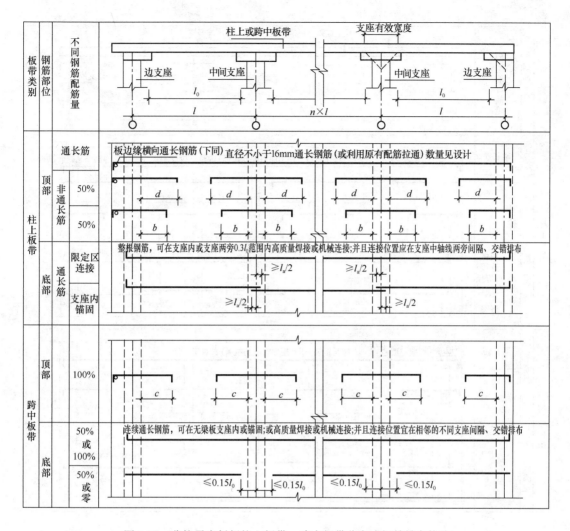

板带类别	钢筋部位	不同钢筋配筋量	
柱上板带	顶部	通长筋	
		非通长筋	50%
			50%
	底部	通长筋	限定区连接
			支座内锚固
跨中板带	顶部	100%	
	底部	50%或100%	
		50%或零	

图 5-50　非抗震有托板柱上板带、跨中板带分离式钢筋排布构造

（4）板带悬挑时，顶部钢筋应勾住板边缘横向通长钢筋。

（5）板顶或板底纵筋连接宜优先采用高质量焊接或机械连接。钢筋连接位置应避开受拉区。具体连接位置由设计确定。

（6）柱上板带板底排布在柱支座内的纵筋，既可只采用限定区连接，也可只采用在柱支座内锚固。排布在柱支座两旁其余的纵筋在各自对应板边支座内锚固。

2. 抗震有托板柱上板带、跨中板带分离式钢筋排布构造

抗震有托板柱上板带、跨中板带分离式钢筋排布构造如图 5-51 所示。

下面讲述一下对构造图的理解：

（1）各板带实际配筋以设计方施工图要求为准。当设计方采用分离式配筋方案时，钢筋排布构造不应低于图 5-51 的要求。

（2）图 5-51 中 $d \geqslant 0.33 l_0$；$b \geqslant 0.20 l_0$；$c \geqslant 0.22 l_0$。$l_0 = l -$ 支座有效宽度。支座有效宽度由设计确定。若某中间支座左、右邻跨的净跨值 l_0 不相同，该支座两旁 d、b、c 值均应按两净跨中较大的 l_0 值计算确定。

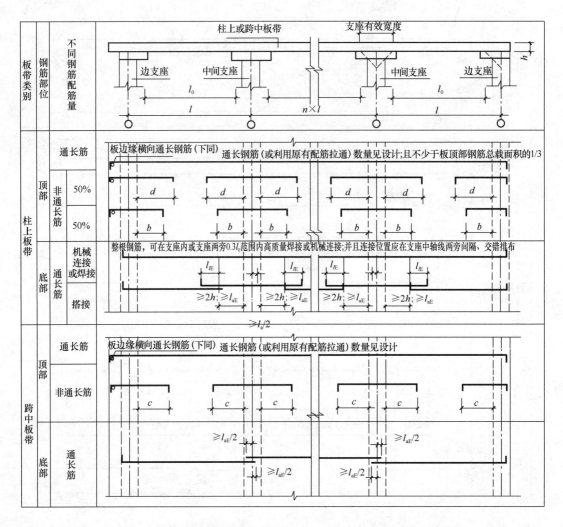

图 5-51　抗震有托板柱上板带、跨中板带分离式钢筋排布构造

（3）柱上板带顶部纵筋排布时，应将通长筋设定在板带两边和中轴部位，其余部位通长筋与两种不同非通长筋间隔布置。非通长钢筋中的 d 长度筋与 b 长度筋间隔布置。非通长钢筋总数为单数，d 长度筋应比 b 长度筋多一根。

（4）板带悬挑时，顶部钢筋应勾住板边缘横向通长钢筋。

（5）板顶或板底纵筋连接宜优先采用高质量焊接或机械连接。连接位置由设计确定。

抗震无柱帽柱上板带的板底纵筋，宜在距柱面 l_{aE} 并 $2h$（h 为板厚）以外连接；搭接方式仅用于暗梁或柱支座两旁其余的纵筋；当测算出某板的实际连接位置已超出 1/4 净跨，应及时通知设计方复核其是否处于受拉区；并应避开受拉区，按设计方对应要求施工。

各种连接方式均应分两批以上，分别在支座两旁间隔、交错施行。

（6）跨中板带板底纵筋在支座内锚固，除了满足锚固长度 l_{aE}，且还应满足其端头超过支座中轴线 $l_{aE}/2$。

5.3.5　柱支座暗梁交叉节点钢筋排布构造

柱支座暗梁交叉节点钢筋排布构造如图 5-52 所示。

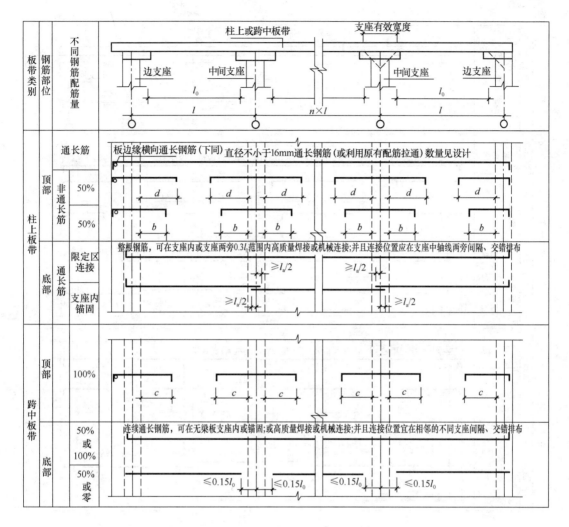

板带类别	钢筋部位	不同钢筋配筋量	

图 5-50　非抗震有托板柱上板带、跨中板带分离式钢筋排布构造

（4）板带悬挑时，顶部钢筋应勾住板边缘横向通长钢筋。

（5）板顶或板底纵筋连接宜优先采用高质量焊接或机械连接。钢筋连接位置应避开受拉区。具体连接位置由设计确定。

（6）柱上板带板底排布在柱支座内的纵筋，既可只采用限定区连接，也可只采用在柱支座内锚固。排布在柱支座两旁其余的纵筋在各自对应板边支座内锚固。

2. 抗震有托板柱上板带、跨中板带分离式钢筋排布构造

抗震有托板柱上板带、跨中板带分离式钢筋排布构造如图 5-51 所示。

下面讲述一下对构造图的理解：

（1）各板带实际配筋以设计方施工图要求为准。当设计方采用分离式配筋方案时，钢筋排布构造不应低于图 5-51 的要求。

（2）图 5-51 中 $d \geqslant 0.33l_0$；$b \geqslant 0.20l_0$；$c \geqslant 0.22l_0$。$l_0 = l -$ 支座有效宽度。支座有效宽度由设计确定。若某中间支座左、右邻跨的净跨值 l_0 不相同，该支座两旁 d、b、c 值均应按两净跨中较大的 l_0 值计算确定。

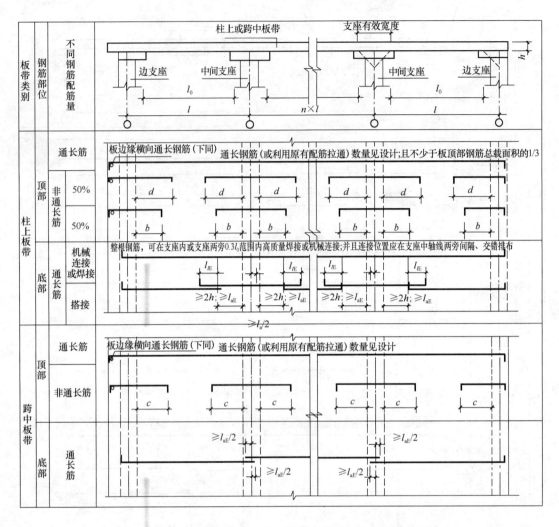

图 5-51 抗震有托板柱上板带、跨中板带分离式钢筋排布构造

（3）柱上板带顶部纵筋排布时，应将通长筋设定在板带两边和中轴部位，其余部位通长筋与两种不同非通长筋间隔布置。非通长钢筋中的 d 长度筋与 b 长度筋间隔布置。非通长钢筋总数为单数，d 长度筋应比 b 长度筋多一根。

（4）板带悬挑时，顶部钢筋应勾住板边缘横向通长钢筋。

（5）板顶或板底纵筋连接宜优先采用高质量焊接或机械连接。连接位置由设计确定。

抗震无柱帽柱上板带的板底纵筋，宜在距柱面 l_{aE} 并 $2h$（h 为板厚）以外连接；搭接方式仅用于暗梁或柱支座两旁其余的纵筋；当测算出某板的实际连接位置已超出 1/4 净跨，应及时通知设计方复核其是否处于受拉区；并应避开受拉区，按设计方对应要求施工。

各种连接方式均应分两批以上，分别在支座两旁间隔、交错施行。

（6）跨中板带板底纵筋在支座内锚固，除了满足锚固长度 l_{aE}，且还应满足其端头超过支座中轴线 $l_{aE}/2$。

5.3.5　柱支座暗梁交叉节点钢筋排布构造

柱支座暗梁交叉节点钢筋排布构造如图 5-52 所示。

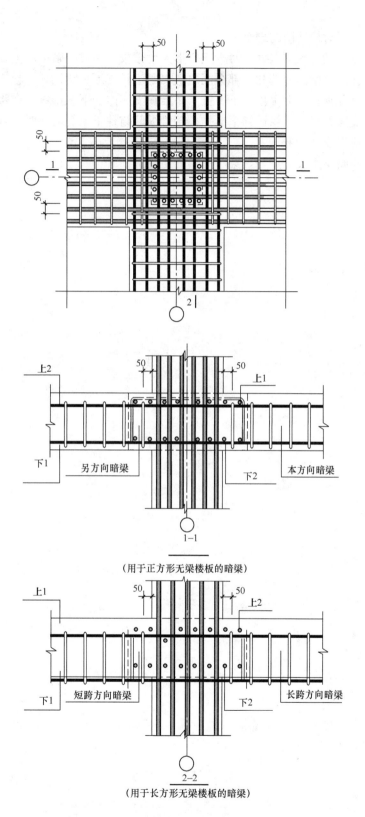

（用于正方形无梁楼板的暗梁）

（用于长方形无梁楼板的暗梁）

图 5-52　柱支座暗梁交叉节点钢筋排布构造

下面讲述一下对构造图的理解：

（1）柱支座暗梁交叉节点处，对于正方形无梁楼板，一方向暗梁的上部和下部纵筋均宜设置在另一方向暗梁的上部和下部纵筋之上；对于长方形无梁楼板，长跨方向暗梁的上部和下部纵筋宜分别置于上1排和下1排。暗梁在支座内的下2排纵筋在跨内宜尽可能置于下1排，到支座处再弯折躲让到下2排。暗梁纵筋与柱子纵筋交叉时应对称躲让。具体排布构造要求应以设计为准。

（2）柱支座暗梁交叉节点处，第一道箍筋距柱边50mm。

6 板 式 楼 梯

6.1 板式楼梯的识图

6.1.1 板式楼梯平面注写方式

平面注写方式，系在楼梯平面布置图上注写截面尺寸和配筋具体数值的方式来表达楼梯施工图。包括集中标注和外围标注。

1. 集中标注

楼梯集中标注的内容包括：

(1) 梯板类型代号与序号，如 AT××。

(2) 梯板厚度，注写方式为 $h=×××$。当为带平板的梯板且梯段板厚度和平板厚度不同时，可在梯段板厚度后面括号内以字母 P 打头注写平板厚度。

【例 6-1】 $h=130$（P150），130 表示梯段板厚度，150 表示梯板平板段的厚度。

(3) 踏步段总高度和踏步级数，之间以"/"分隔。

(4) 梯板支座上部纵筋，下部纵筋，之间以";"分隔。

(5) 梯板分布筋，以 F 打头注写分布钢筋具体值，该项也可在图中统一说明。

【例 6-2】 平面图中梯板类型及配筋的完整标注示例如下（AT 型）：

AT1，$h=120$　梯板类型及编号，梯板板厚

1800/12　踏步段总高度/踏步级数

Φ 10@200；Φ 12@150　上部纵筋；下部纵筋

Fϕ8@250　梯板分布筋（可统一说明）

2. 外围标注

楼梯外围标注的内容，包括楼梯间的平面尺寸、楼层结构标高、层间结构标高、楼梯的上下方向、梯板的平面几何尺寸、平台板配筋、梯梁及梯柱配筋等。

6.1.2 板式楼梯剖面注写方式

剖面注写方式需在楼梯平法施工图中绘制楼梯平面布置图和楼梯剖面图，注写方式分平面注写、剖面注写两部分。

1. 平面注写

楼梯平面布置图注写内容，包括楼梯间的平面尺寸、楼层结构标高、层间结构标高、楼梯的上下方向、梯板的平面几何尺寸、梯板类型及编号、平台板配筋、梯梁及梯柱配筋等。

2. 剖面注写

楼梯剖面图注写内容，包括梯板集中标注、梯梁梯柱编号、梯板水平及竖向尺寸、楼层结构标高、层间结构标高等。

梯板集中标注的内容包括：

（1）梯板类型及编号，如 AT××。

（2）梯板厚度，注写方式为 $h=×××$。当梯板由踏步段和平板构成，且踏步段梯板厚度和平板厚度不同时，可在梯板厚度后面括号内以字母 P 打头注写平板厚度。

（3）梯板配筋。注明梯板上部纵筋和梯板下部纵筋，用分号"；"将上部与下部纵筋的配筋值分隔开来。

（4）梯板分布筋，以 F 打头注写分布钢筋具体值，该项也可在图中统一说明。

【例 6-3】 剖面图中梯板配筋完整的标注如下：

AT1，$h=120$　梯板类型及编号，梯板板厚

Φ 10@200；Φ 12@150　上部纵筋；下部纵筋

Fϕ8@250　梯板分布筋（可统一说明）

6.1.3　板式楼梯列表注写方式

列表注写方式，系用列表方式注写梯板截面尺寸和配筋具体数值的方式来表达楼梯施工图。

列表注写方式的具体要求同剖面注写方式，仅将剖面注写方式中的梯板集中标注中的梯板配筋注写项改为列表注写项即可。

梯板列表格式见表 6-1。

梯板几何尺寸和配筋　　　　　　　　　　　　　　　　　　　　表 6-1

梯板编号	踏步段总高度/踏步级数	板厚 h	上部纵向钢筋	下部纵向钢筋	分布筋

6.2　楼梯梯板钢筋构造

6.2.1　AT～HT 型楼梯梯板钢筋构造

AT～HT 型楼梯梯板钢筋构造如图 6-1～图 6-8 所示。

下面讲述一下对构造图的理解：

（1）梯板踏步段内斜放钢筋长度的计算方法：

$$钢筋斜长＝水平投影长度×k$$

$$k=\frac{\sqrt{b_s^2+h_s^2}}{b_s}$$

（2）上部纵筋需伸至支座对边再向下弯折。图中上部纵筋锚固长度 $0.35l_{ab}$ 用于设计按铰接的情况，括号内数据 $0.6l_{ab}$ 用于设计考虑充分发挥钢筋抗拉强度的情况，具体工程中设计应指明采用何种情况。

（3）有条件时上部纵筋宜直接伸入平台板内锚固或与平台钢筋合并，从支座内边算起总锚固长度不小于 l_a，如图中虚线所示。

（4）踏步两头高度调整如图 6-9 所示。

（5）在实际楼梯施工中，由于踏步段上下两端板的建筑面层厚度不同，为使面层完工后各级踏步等高等宽，必须减小最上一级踏步的高度并将其余踏步整体斜向推高，整体推

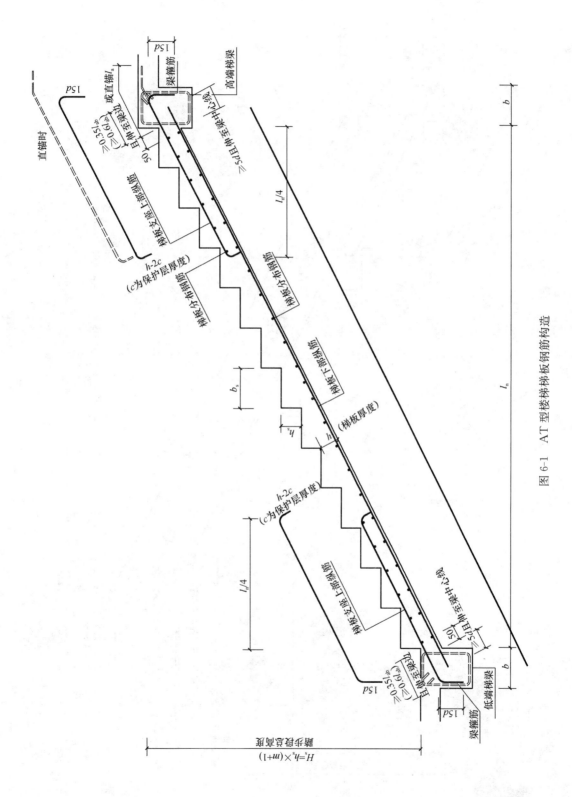

图 6-1 AT 型楼梯梯板钢筋构造

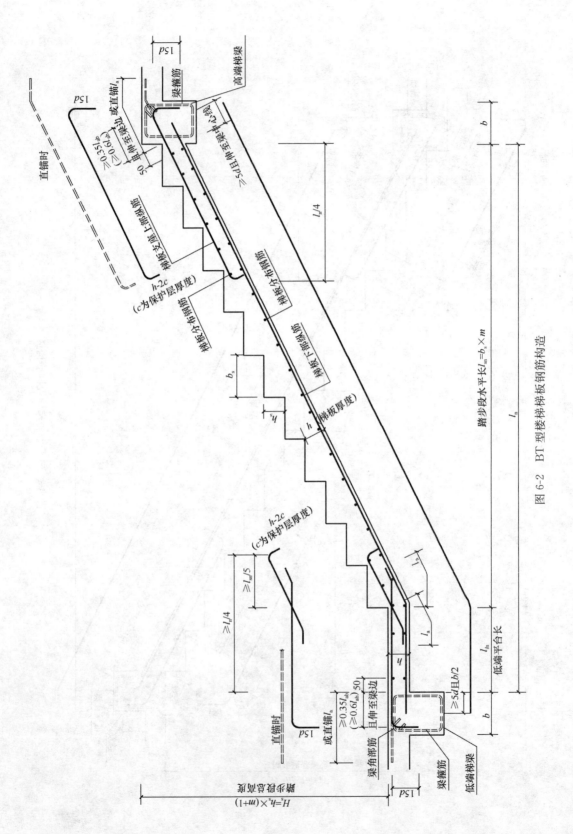

图 6-2 BT 型楼梯梯板钢筋构造

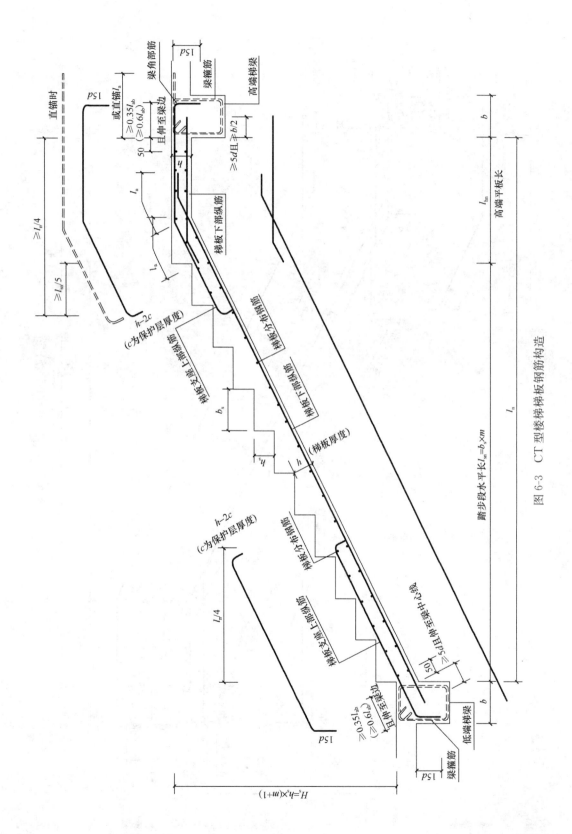

图 6·3 CT 型楼梯梯板钢筋构造

253

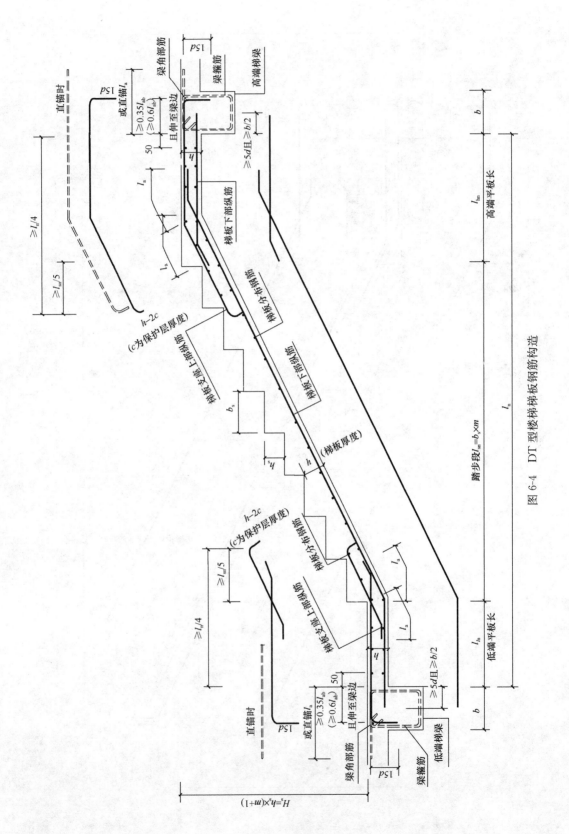

图 6-4 DT 型楼梯梯板钢筋构造

254

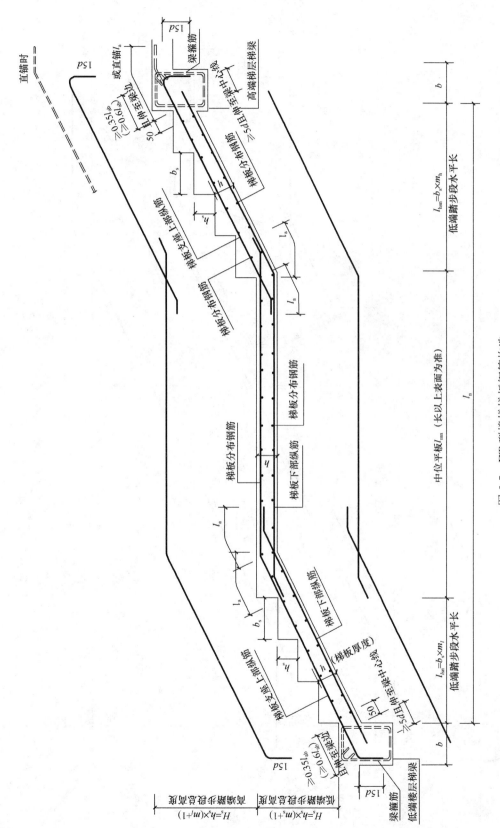

图 6-5 ET 型楼梯梯板钢筋构造

255

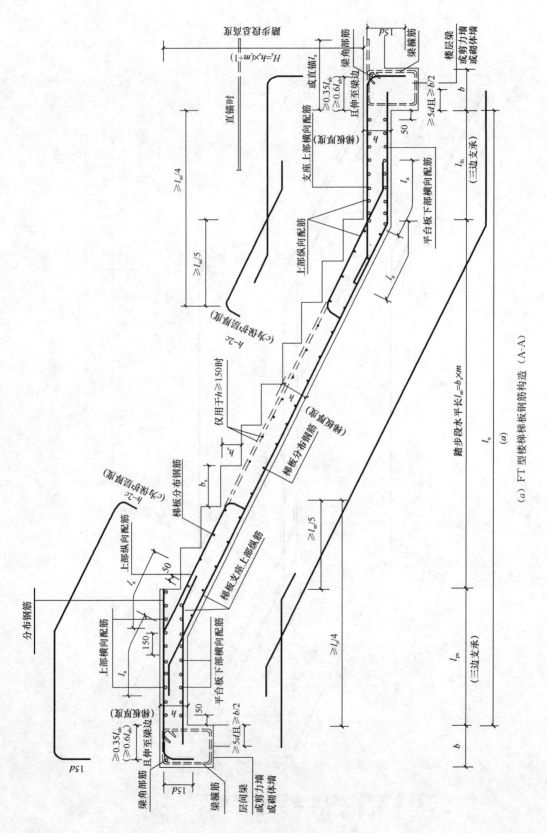

（a）FT 型楼梯梯板钢筋构造（A-A）

256

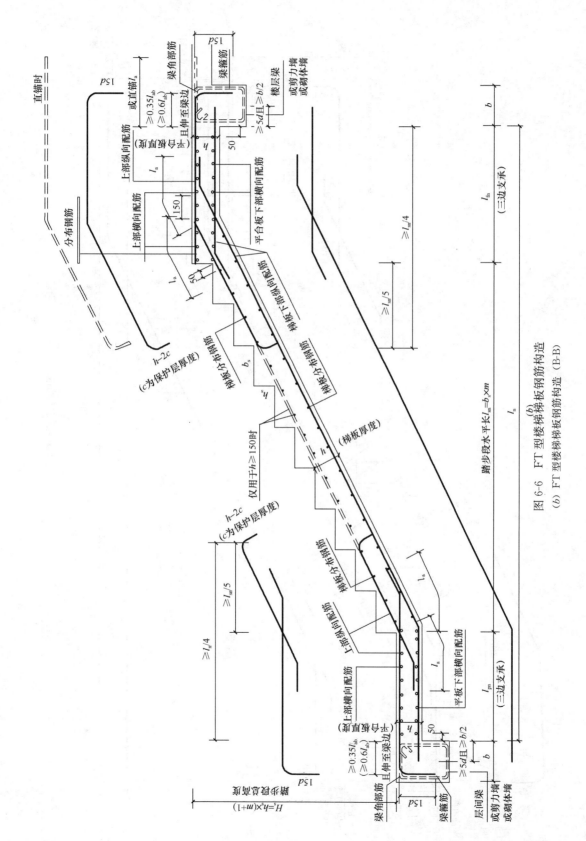

图 6-6 FT 型楼梯梯板钢筋构造

(b) FT 型楼梯梯板钢筋构造（B-B）

257

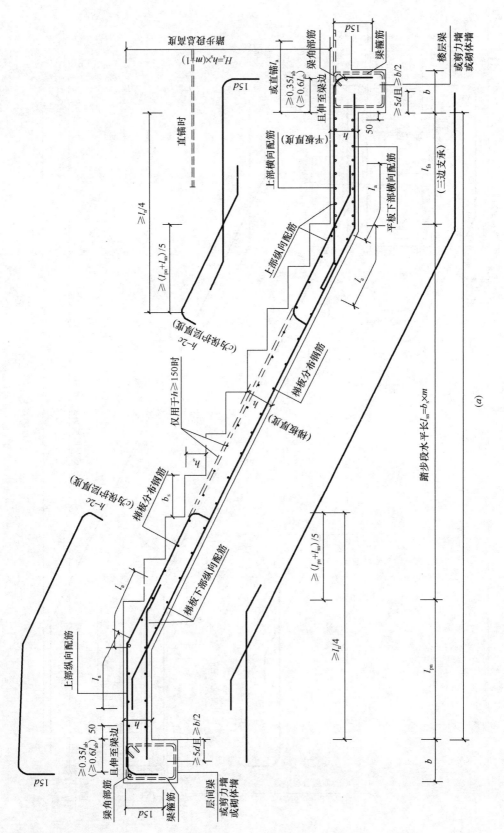

（*a*）GT 型楼梯梯板钢筋构造（A-A）

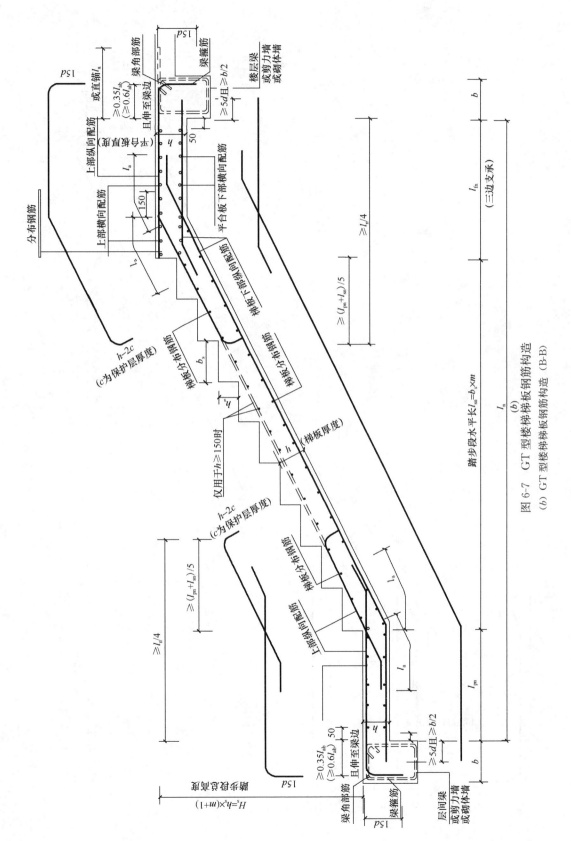

图 6-7 GT 型楼梯梯板钢筋构造

(b) GT 型楼梯梯板钢筋构造 (B-B)

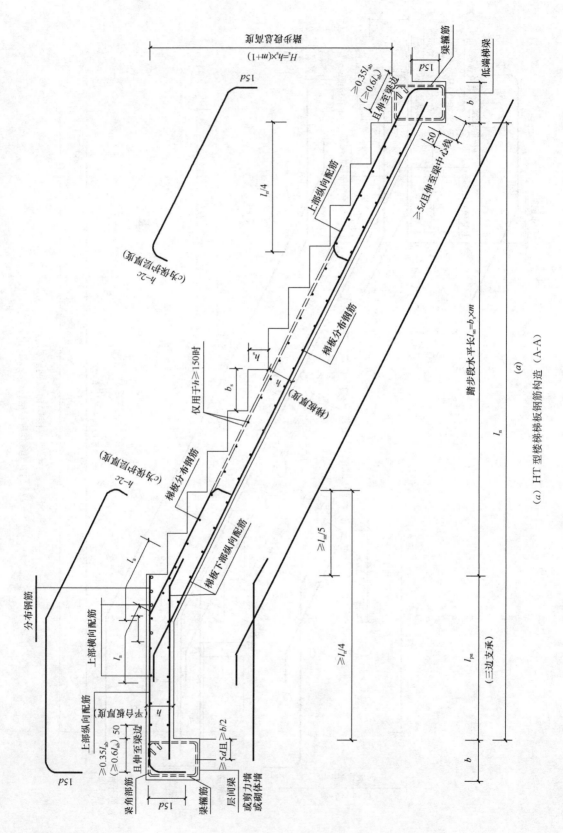

(a) HT 型楼梯梯板钢筋构造 （A-A）

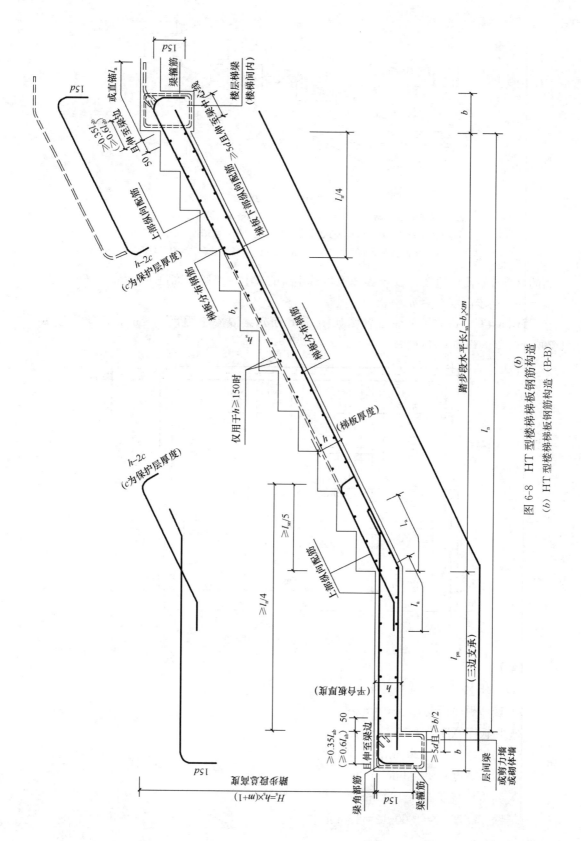

图 6-8 HT 型楼梯梯板钢筋构造

(b) HT 型楼梯梯板钢筋构造 (B-B)

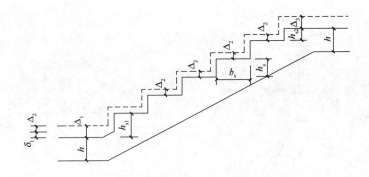

图 6-9　不同踏步位置推高与高度减小构造

δ_1—第一级与中间各级踏步整体竖向推高值；h_{s1}—第一级（推高后）踏步的结构高度；

h_{s2}—最上一级（减小后）踏步的结构高度；Δ_1—第一级踏步根部面层厚度；

Δ_2—中间各级踏步的面层厚度；Δ_3—最上一级踏步（板）面层厚度

高的（垂直）高度值 $\delta_1 = \Delta_1 - \Delta_2$，高度减小后的最上一级踏步高度 $h_{s2} = h_s - (\Delta_3 - \Delta_2)$，最下一步踏步高度 $h_{s1} = h_s + \delta_1$。

【例 6-4】　AT1 的平面布置图如图 6-10 所示。混凝土强度为 C30，梯梁宽度 $b = 200$mm。求 AT1 中各钢筋。

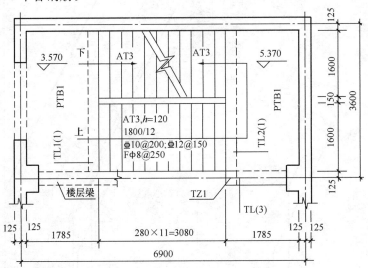

图 6-10　AT1 平面布置图

【解】

（1）AT 楼梯板的基本尺寸数据

1）楼梯板净跨度 $l_n = 3080$mm；

2）梯板净宽度 $b_n = 1600$mm；

3）梯板厚度 $h = 120$mm；

4）踏步宽度 $b_s = 280$mm；

5）踏步总高度 $H_s = 1800$mm；

6）踏步高度 $h_s = 1800/12 = 150$mm。

（2）计算步骤

1）斜坡系数 $k=\sqrt{h_s^2+b_s^2}=\sqrt{150^2+280^2}=1.134$

2）梯板下部纵筋以及分布筋

① 梯板下部纵筋

长度 $l=l_n\times k+2\times a=3080\times1.134+2\times\max(5d,b/2)$

$\qquad=3080\times1.134+2\times\max(5\times12,200/2)=3693mm$

根数 $=(b_n-2\times c)/$间距$+1=(1600-2\times15)/150+1=12$ 根

②分布筋

长度 $=b_n-2\times c=1600-2\times15=1570mm$

根数 $=(l_n\times k-50\times2)/$间距$+1=(3080\times1.134-50\times2)/250+1=15$ 根

3）梯板低端扣筋

$l_1=[l_n/4+(b-c)]\times k=(3080/4+200-15)\times1.134=1083mm$

$l_2=15d=15\times10=150mm$

$h_1=h-c=120-15=105mm$

分布筋 $=b_n-2\times c==1600-2\times15=1570mm$

梯板低端扣筋的根数 $=(b_n-2\times c)/$间距$+1=(1600-2\times15)/250+1=8$ 根

分布筋的根数 $=(l_n/4\times k)/$间距$+1=(3080/4\times1.134)/250+1=5$ 根

4）梯板高端扣筋

$h_1=h-c=120-15=105mm$

$l_1=[l_n/4+(b-c)]\times k=(3080/4+200-15)\times1.134=1083mm$

$l_2=15d=15\times10=150mm$

$h_1=h-c=120-15=105mm$

高端扣紧的每根长度 $=105+1083+150=1338mm$

分布筋 $=b_n-2\times c=1600-2\times15=1570mm$

梯板高端扣筋的根数 $=(b_n-2\times c)/$间距$+1=(1600-2\times15)/150+1=12$ 根

分布筋的根数 $=(l_n/4\times k)/$间距$+1=(3080/4\times1.134)/250+1=5$ 根

上面只计算了一跑 AT1 的钢筋，一个楼梯间有两跑 AT1，因此，应将上述数据乘以 2。

6.2.2 ATa、ATb 型与 ATc 型楼梯梯板钢筋构造

ATa～ATc 型楼梯梯板钢筋构造如图 6-11～图 6-13 所示。

下面讲述一下对构造图的理解：

（1）梯板踏步段内斜放钢筋长度的计算方法：

钢筋斜长＝水平投影长度×k

$$k=\frac{\sqrt{b_s^2+h_s^2}}{b_s}$$

263

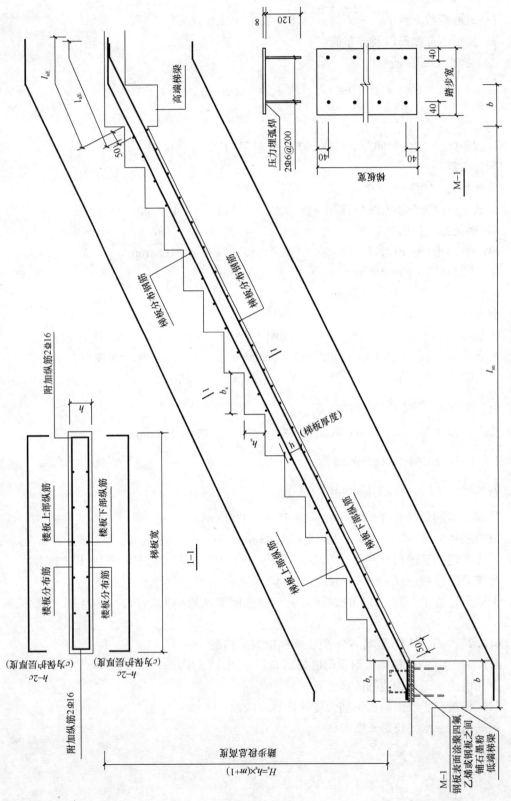

图 6-11 ATa 型楼梯梯板钢筋构造

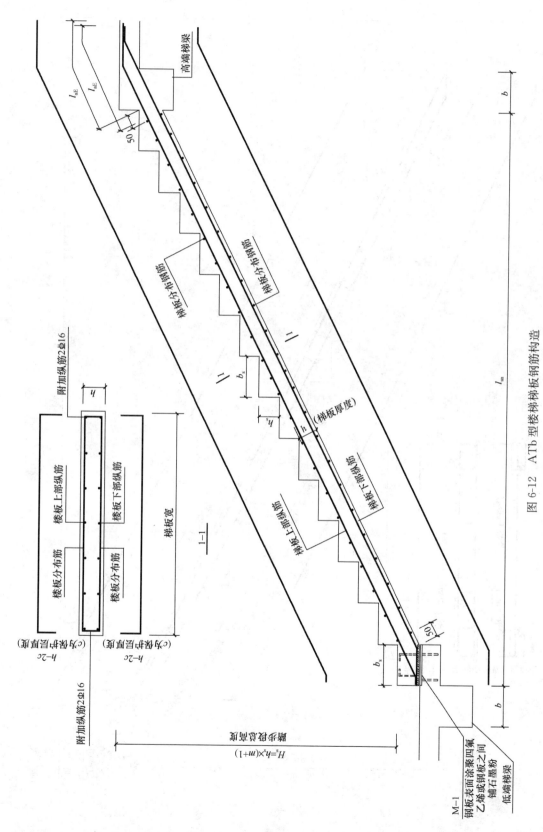

图 6-12 ATb 型楼梯梯板钢筋构造

265

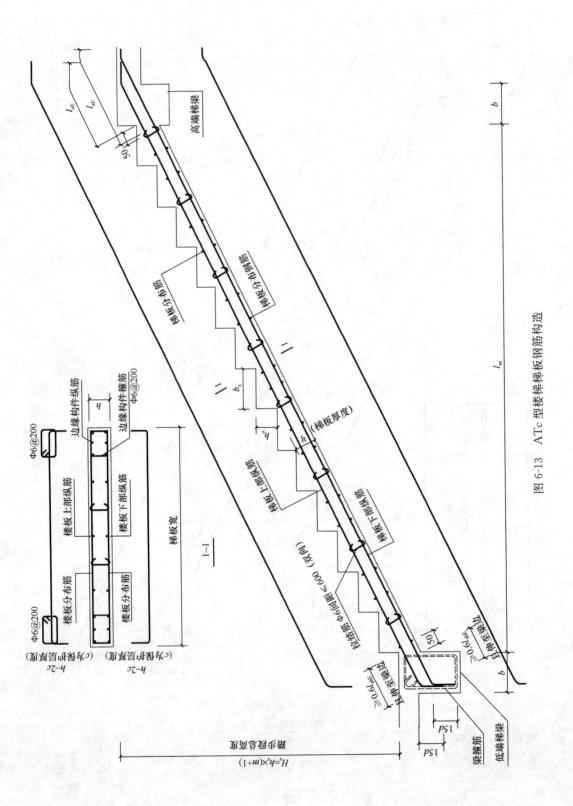

图 6-13　ATc 型楼梯梯板钢筋构造

（2）踏步两头高度调整如图 6-9 所示。

6.2.3　楼梯楼层、层间平台板钢筋构造

楼梯楼层、层间平台板钢筋构造如图 6-14 所示。

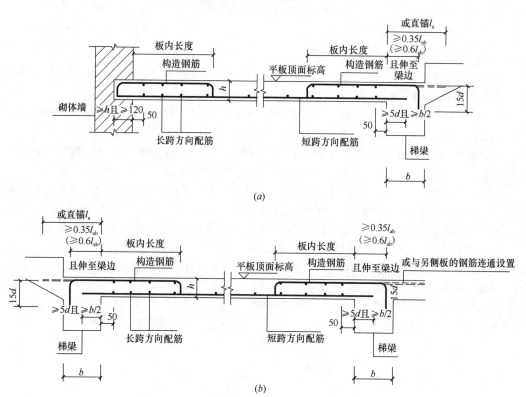

图 6-14　楼梯楼层、层间平台板钢筋构造

（a）板长跨方向嵌固在砌体墙内，其支座配筋构造与左边支座相同；

（b）板长跨方向与混凝土梁或剪力墙浇筑到一起时，其支座配筋构造与右边支座相同

　　上部纵筋需伸至支座对边再向下弯折。图中上部纵筋锚固长度 $0.35l_{ab}$ 用于设计按铰接的情况，括号内数据 $0.6l_{ab}$ 用于设计考虑充分发挥钢筋抗拉强度的情况，具体工程中设计应指明采用何种情况。

参 考 文 献

[1] 中国建筑标准设计研究院. 混凝土结构施工图平面整体表示方法制图规则和构造详图（现浇混凝土框架、剪力墙、梁、板）(11G101-1)[S]. 北京：中国计划出版社，2011.

[2] 中国建筑标准设计研究院. 混凝土结构施工图平面整体表示方法制图规则和构造详图（现浇混凝土板式楼梯）(11G101-2)[S]. 北京：中国计划出版社，2011.

[3] 中国建筑标准设计研究院. 混凝土结构施工图平面整体表示方法制图规则和构造详图（独立基础、条形基础、筏形基础及桩基承台）(11G101-3)[S]. 北京：中国计划出版社，2011.

[4] 中国建筑标准设计研究院. 混凝土结构施工钢筋排布规则与构造详图（现浇混凝土框架、剪力墙、梁、板）(12G901-1)[S]. 北京：中国计划出版社，2012.

[5] 中国建筑标准设计研究院. 混凝土结构施工钢筋排布规则与构造详图（现浇混凝土板式楼梯）(12G901-2)[S]. 北京：中国计划出版社，2012.

[6] 中国建筑标准设计研究院. 混凝土结构施工钢筋排布规则与构造详图（独立基础、条形基础、筏形基础、桩基承台）(12G901-3)[S]. 北京：中国计划出版社，2012.

[7] 国家标准. 混凝土结构设计规范(GB 50010—2010)[S]. 北京：中国建筑工业出版社，2010.

[8] 国家标准. 建筑抗震设计规范(GB 50011—2010)[S]. 北京：中国建筑工业出版社，2010.